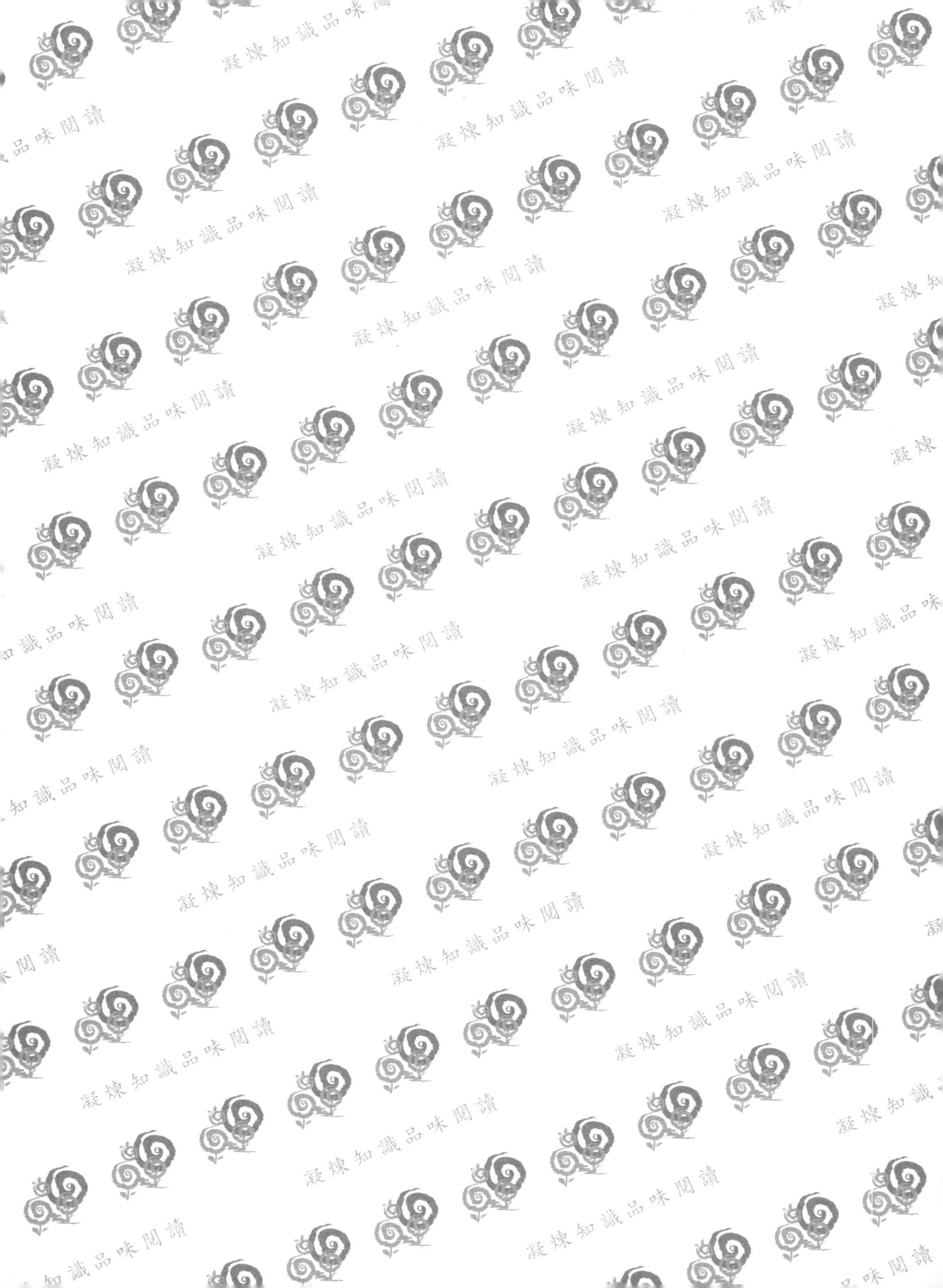

王翰聰、王佩華 編著

# 乳牛學

## 實習指南

五南圖書出版公司 印行

# CONTENTS · 目錄

# 實習一

## 乳牛場日常工作與紀錄

# 實習目的

了解乳牛場經營之日常管理工作與記錄維持方式。

# 原理與背景

酪農要經營乳牛場，除了必須具備充足的乳牛飼養知識及妥善的計畫之外，更需在經營的過程中，具備充分的耐力。即使在企業化、機械化及省工管理上進行改善，酪農仍需比其他動物飼養業者付出更多的心力。能事先對日常經營管理工作有所認識，才能面對經營時遇上各種難題的時候持續發展。乳牛場管理工作可區分爲每日例行作業及乳牛場經常性作業，而這些工作也與乳牛場的紀錄息息相關。

# 實習材料與器具

1. 乳牛場基本設施照片或影像資料。
2. 乳牛場紀錄表範例。

# 實習步驟與方法

1. 乳牛場日常工作與經常性工作課堂說明與名詞解釋。
2. 乳牛場或實習牧場實地參觀與設備操作介紹。

# （一）乳牛場日常管理作業說明

乳牛場每日例行作業包括餵料、給水、擠乳、刷洗牛體及牛床、清洗器具等，而其他的作業項目則依乳牛場經營類型及新設備添置和機械化程度而異，包括牧草收集、日糧調配、運交生乳至集乳站或乳品加工廠、排泄物處理、填寫各項紀錄表格。乳牛舍每日作業程序因其經營規模、類型而有很大的差異，乳牛場每日的例行工作時程舉例如下：

| 工作進行時間 | 工作內容 |
|---|---|
| 上午 3:00 - 3:30 | 牛隻清潔／刷洗。 |
| 上午 3:30 - 5:00 | ➢ 在擠乳前餵飼每日所需一半量的精料給泌乳牛。<br>➢ 擠乳。 |
| 上午 5:00 - 5:30 | ➢ 運送貯存生乳與處理集乳容器。<br>➢ 清洗和消毒擠乳室。 |
| 上午 5:30 - 8:00 | ➢ 清潔泌乳牛舍。<br>➢ 餵飼乾草或青飼料。<br>➢ 清潔牧場場地。<br>➢ 隔離生病與需進行治療之牛隻。<br>➢ 確認發情母牛準備進行人工授精。 |
| ＊ 對於上述所有操作，以每 12-14 頭乳牛使用一組擠乳設備為計算時間基準。需注意人員交接相關事項。 | |
| 上午 8:00<br>至<br>下午 12:00 | ➢ 清潔仔牛舍、分娩牛舍、乾乳牛舍與種公牛舍。<br>➢ 餵飼每日精料的一半量給小牛、懷孕的母牛與種公牛。<br>➢ 訓練種公牛。<br>➢ 治療生病的牛隻。<br>➢ 發情母牛進行人工授精。<br>➢ 收集芻料與處理／提供牛隻足夠芻料自由採食。 |
| ＊ 若有放牧操作，冬季應在上午 9 點至下午 2 點之間／夏季上午 6 點至 10 點之間以及下午 5 點至晚上 7 點之間再次放牧動物。 | |
| 下午 12:00 - 1:00 | 午餐兼休息時間。 |
| 下午 1:00 - 3:00 | 乳牛場日常與經常性雜項工作：<br>定期接種疫苗、配製精料、修理農場圍欄、配件和設備、製作繩索和標示、每週擦洗和清理飲用水槽、處理／保存糞便、製作乾草和青貯料、定期畜舍除蟲與消毒、修飾乳牛外觀、修蹄、小牛去角、牛隻買賣與運輸、乳牛行為訓練。 |
| ＊乳牛場管理者應提前計畫好工作，使工作在 1 週內均勻分布。 | |
| 下午 2:30 - 3:00 | 清潔乳牛與擠乳前準備。 |

（續下頁）

| 工作進行時間 | 工作內容 |
| --- | --- |
| 下午 3:00 - 4:30 | ➢ 在擠乳前餵飼另一半每日所需精料給泌乳牛。<br>➢ 擠乳。<br>➢ 清潔仔牛舍、分娩牛舍、乾乳牛舍與種公牛舍，餵飼另一半所需精料給牛隻。 |
| 下午 4:30 - 5:00 | ➢ 運送貯存生乳與處理集乳容器。<br>➢ 清洗和消毒擠乳室。<br>➢ 補充仔牛、乾乳牛和種公牛芻料。 |
| 下午 5:00 - 6:30 | ➢ 清潔泌乳牛舍。<br>➢ 餵飼乾草或青飼料。<br>➢ 清潔牧場場地。 |

## （二）乳牛場經常性工作

除了每日都必須執行的例行工作外，爲了維持乳牛健康與乳牛場經營運作順利，常見的經常性現場管理作業包括：

1. 人工授精。
2. 懷孕診斷。
3. 母牛分娩前照護。
4. 仔牛餵飼。
5. 仔牛去角。
6. 仔公牛去勢與掛鼻環。
7. 牛隻標示。
8. 女牛擠乳訓練。
9. 牛隻修蹄。
10. 泌乳牛隻乳房炎檢查。
11. 牛隻體態評分。
12. 乾乳操作與乳房炎防治。
13. 均衡日糧計算與自配精料。
14. 牧草調製。

15. 疾病防治與預防注射。

16. 牧場設備保養維修。

由於乳牛場工作內容相當繁雜，各種作業期程與頻率亦不相同，因此需妥善安排並事先規劃經常性作業的實施時間，才能穩定維持牧場的良好運作。

## （三）乳牛場紀錄

詳細確實的紀錄，是經營者管理乳牛場必要的資料，透過紀錄可了解現有狀況可能出現的缺失，並比較生產效果，作爲改善與提升效率的努力方向。

### 1. 必需之紀錄

(1) 牛隻動態：記錄各類牛隻的數目。一般區分爲泌乳牛、乾乳牛、女牛、犢牛及公牛。

(2) 泌乳紀錄：泌乳牛產乳品宜每日測量或每月選一日測量。可參加乳牛群改進計畫（Dairy Herd Improvement, DHI）取得牛隻泌乳期間之性能相關詳細資訊。

(3) 乾乳紀錄：記載乾乳日期、泌乳期長度及乾乳原因。

(4) 配種紀錄：記載配種日期、公母畜名號、配種方式、下次發情觀察日期、預產期、已配種次數。

(5) 分娩紀錄：記載分娩日期、分娩情況、仔牛性別及名號、胎次。

(6) 醫療紀錄：記載疾病名稱、治療日期、治療方法及效果、病牛名號。可結合淘汰紀錄判斷場內牛隻問題。

(7) 淘汰紀錄：記載淘汰牛隻名號、淘汰日期及淘汰原因。

(8) 收支紀錄：記載營運資金的進出項目及金額。

(9) 庫管紀錄：記載各項物料進貨及取用情形。

### 2. 參考表格

(1) 牧場工作日報表，見表 1-1。

(2) 牧場工作月報表，見表 1-2。

(3) 牧場乳牛資料卡，見表 1-3。

(4) 繁殖障礙與疾病紀錄，見表 1-4。

(5) 牛隻基本資料與異動紀錄，見表 1-5。

## 討論與問題

1. 乳牛場紀錄的維持與正確性，爲何對於牧場的經營與發展有很大的幫助？
2. 若設立牧場時，想引入自動化設備進入乳牛場使用，哪個設備是優先考慮的項目？有哪些需要考量的因素？

## 表 1-1 牧場工作日報表

年　　月　　日　　天氣

| | 項目 | 泌乳牛 | 乾乳牛 | 孕女牛 | 女牛 | 育成牛 | 仔牛 | 哺乳仔牛 | 種公牛 | 總計 |
|---|---|---|---|---|---|---|---|---|---|---|
| 飼養頭數 | 昨日數目 | | | | | | | | | |
| | 分娩 | | | | | | | | | |
| | 撥入 | | | | | | | | | |
| | 購入 | | | | | | | | | |
| | 合計 | | | | | | | | | |
| | | | | | | | | | | |
| | 撥出 | | | | | | | | | |
| | 出售 | | | | | | | | | |
| | 淘汰 | | | | | | | | | |
| | 死亡 | | | | | | | | | |
| | 合計 | | | | | | | | | |
| | 現有數目 | | | | | | | | | |

| | 配種牛號 | 精液號碼 | 次數 | 發情 | 分娩 | 仔牛 | 乾乳 | 治療 | 處理 |
|---|---|---|---|---|---|---|---|---|---|
| 配種情況 | | | | | | | | | |
| | | | | | | | | | |
| | | | | | | | | | |
| | | | | | | | | | |
| | | | | | | | | | |
| | | | | | | | | | |
| | | | | | | | | | |
| | | | | | | | | | |
| | | | | | | | | | |
| | | | | | | | | | |
| | | | | | | | | | |
| | | | | | | | | | |

| | 種類 | 入庫 | 餵飼量 | 採食量 | 庫存 |
|---|---|---|---|---|---|
| 給料狀況 | 泌乳牛料 | | | | |
| | 仔牛料 | | | | |
| | 教槽料 | | | | |
| | 人工乳 | | | | |
| | 青貯料 | | | | |
| | 乾草 | | | | |
| | 乾草 | | | | |
| | 乾草 | | | | |
| | | | | | |
| | | | | | |

| | 項目 | 上午 | 下午 |
|---|---|---|---|
| 泌乳情形 | 乳量 | | |
| | 泌乳頭數 | | |
| | 乳量平均 | | |
| | 乳品質等級 | | |
| | 初乳 | | |
| | | | |
| | | | |
| | | | |
| | 乳房炎頭數 | | |
| | | | |

| 記事 | |
|---|---|
| | |

場長：　　　　　　　　　　　　　　　　紀錄：

## 表 1-2　牧場工作月報表

| 發情紀錄 | 本月分發情紀錄 | | 合計 |
| --- | --- | --- | --- |
| | 母牛：　頭 | 女牛：　頭 | 頭 |

| 配種紀錄 | 配種頭數 | 母 | 女 | 合計 | 配種次數 | 母 | 女 | 合計 | 冷凍精液使用數量（支） | 種公牛使用次數 |
| --- | --- | --- | --- | --- | --- | --- | --- | --- | --- | --- |
| | | | | | | | | | | |

| 分娩紀錄 | 本月分分娩頭數 | 順產 | 難產 | 死胎 | 流產 | 本月分分娩仔牛頭數 | | | |
| --- | --- | --- | --- | --- | --- | --- | --- | --- | --- |
| | | | | | | 母 | 公 | 畸形 | 合計 |
| | | | | | | | | | |

| 哺育紀錄 | 出生-2月齡 | 現有哺育舍頭數 | | 本月入哺育舍頭數 | | 本月出哺育舍頭數 | | 哺育舍育成率 |
| --- | --- | --- | --- | --- | --- | --- | --- | --- |
| | | 母 | 公 | 母 | 公 | 母 | 公 | |
| | | | | | | | | % |

| 保育紀錄 | 3月齡-4月齡 | 現有保育舍頭數 | | 本月入保育舍頭數 | | 本月出保育舍頭數 | | 保育舍育成率 |
| --- | --- | --- | --- | --- | --- | --- | --- | --- |
| | | 母 | 公 | 母 | 公 | 母 | 公 | |
| | | | | | | | | % |

| 本月現有牛總頭數 | 泌乳牛（25月齡以上） | 乾乳牛 | 妊娠女牛（16-25月齡） | 女牛（10-15月齡） | 育成牛（5-9月齡） | 仔牛（3-4月齡） | | 哺乳仔牛（出生-2月齡） | | 總計 |
| --- | --- | --- | --- | --- | --- | --- | --- | --- | --- | --- |
| | | | | | | 母 | 公 | 母 | 公 | |
| | | | | | | | | | | |

| 獸醫情形 | 本月分經治頭數 | 治癒頭數 | 死亡頭數 | 死亡率 | 藥品費（包括補助飼料） | 器材 | 消毒費 | 合計 |
| --- | --- | --- | --- | --- | --- | --- | --- | --- |
| | | | | % | | | | |

乾乳紀錄：　頭

| 備註 | |
| --- | --- |
| | |

| 飼料使用情形 | | | |
| --- | --- | --- | --- |
| 精料 | 泌乳料 | | 公斤 |
| | 小牛料 | | 公斤 |
| | 教槽料 | | 公斤 |
| | 仔牛人工乳 | | 公斤 |
| 芻料 | | | 公斤 |
| | | | 公斤 |
| | | | 公斤 |
| | | | 公斤 |
| 副產物 | | | 公斤 |
| | | | 公斤 |
| | | | 公斤 |
| | | | 公斤 |

| 出售情形 | 乳量 | 等級 | | | | 泌乳頭數 | 平均 | 總額 |
| --- | --- | --- | --- | --- | --- | --- | --- | --- |
| 牛乳 | | | | | | | | |

| 出售情形 | 項目／種別 | 頭數 | 單價 | 金額 |
| --- | --- | --- | --- | --- |
| 牛隻 | 仔公牛 | | | |
| | 種女牛 | | | |
| | 其他 | | | |
| | 合計 | | | |

(1) 本月分營業額目標：

(2) 本月分實績額：

(3) 達成率：

場長：　　　　製表：

表 1-3 牧場乳牛資料卡

| 耳號　登錄號碼 | 出生日期 | | 出生體重（公斤） | 初生狀況：健康 良／差；體積 大／小；助產 有／否 |
|---|---|---|---|---|
| 父　登錄號碼 | 品種 | | 仔牛預防注射日期 No. | 牛卡號碼 |
| 母　登錄號碼 | 去角 | 去附乳頭 | 建卡日期 | 異動日期及理由 |

| 乳房疾病紀錄 | | | | | 牛乳日產測量紀錄（公斤） | | | | 生產紀錄 | | | | | | | | 仔牛紀錄 | | | | | 出生 - 3 月齡 |
|---|---|---|---|---|---|---|---|---|---|---|---|---|---|---|---|---|---|---|---|---|---|---|
| | | | | | | | | | | | | | | | | | | | 初生狀況 | | | |
| 月期 | 右前 | 左前 | 右後 | 左後 | 第一次 | 第二次 | 第三次 | 合計 | 胎次 | 發情日期 | 配種日期 | 配種公牛（精液號碼） | 妊娠診斷（日期，+–） | 預產日期 | 分娩日期 | 乾乳日期 | 性別 | 編號（耳號） | 健康 | 體積 | 助產 | 備註 |
| | | | | | | | | | | | | | | | | | | | | | | |
| | | | | | | | | | | | | | | | | | | | | | | |
| | | | | | | | | | | | | | | | | | | | | | | |
| | | | | | | | | | | | | | | | | | | | | | | |
| | | | | | | | | | | | | | | | | | | | | | | |
| | | | | | | | | | | | | | | | | | | | | | | |
| | | | | | | | | | | | | | | | | | | | | | | |
| | | | | | | | | | | | | | | | | | | | | | | |
| | | | | | | | | | | | | | | | | | | | | | | |
| | | | | | | | | | | | | | | | | | | | | | | |
| | | | | | | | | | | | | | | | | | | | | | | |
| | | | | | | | | | | | | | | | | | | | | | | |
| | | | | | | | | | | | | | | | | | | | | | | |
| | | | | | | | | | | | | | | | | | | | | | | |
| | | | | | | | | | | | | | | | | | | | | | | |
| | | | | | | | | | | | | | | | | | | | | | | |
| | | | | | | | | | | | | | | | | | | | | | | |
| | | | | | | | | | | | | | | | | | | | | | | |

表 1-4　繁殖障礙與疾病紀錄

| 繁殖障礙疾病紀錄 | | | 其他重要疾病紀錄 | | |
|---|---|---|---|---|---|
| 日期 | 病況 | 治療 | 日期 | 病況 | 治療 |
| | | | | | |
| | | | | | |
| | | | | | |
| | | | | | |
| | | | | | |
| | | | | | |
| | | | | | |
| | | | | | |
| | | | | | |
| | | | | | |
| | | | | | |
| | | | | | |
| | | | | | |
| | | | | | |
| | | | | | |
| | | | | | |
| | | | | | |
| | | | | | |
| | | | | | |

表 1-5　牛隻基本生產資料與異動紀錄

| 牛乳產量紀錄（單位：公斤） | | | | | | | | |
|---|---|---|---|---|---|---|---|---|
| 胎次 | 年齡（年月） | 擠乳日數 | 每日擠乳次數 | 乳量 | | 脂肪量 | | 附註 |
| | | | | 實際乳量 | 校正乳量 | 實際脂肪量 | 校正脂肪量 | |
| | | | | | | | | |
| | | | | | | | | |
| | | | | | | | | |
| | | | | | | | | |
| | | | | | | | | |
| | | | | | | | | |
| | | | | | | | | |
| | | | | | | | | |
| | | | | | | | | |
| | | | | | | | | |
| | | | | | | | | |

| 特點 | |
|---|---|
| | 一般外貌 |
| | 體型 |
| | 乳房 |
| | 產乳 |

貼相片處

| 法定傳染病檢查紀錄 | | | | | | | | | | | | | | | |
|---|---|---|---|---|---|---|---|---|---|---|---|---|---|---|---|
| 日期 | T.B | B.R | 其他 | 日期 | T.B | B.R | 其他 | 日期 | T.B | B.R | 其他 | 日期 | T.B | B.R | 其他 |
| | | | | | | | | | | | | | | | |
| | | | | | | | | | | | | | | | |
| | | | | | | | | | | | | | | | |

| 異動資料 | | | | | | | | | |
|---|---|---|---|---|---|---|---|---|---|
| 淘汰日期 | | 原因 | | 決定者 | | 處理 | | 備註 | |
| 死亡日期 | | 死因 | | 死因驗定人 | | 處理 | | 備註 | |
| 來源（購入處） | | 地點 | | 日期 | | 買價 | | 備註 | |
| 出售至（購買者） | | 地點 | | 日期 | | 賣價 | | 備註 | |

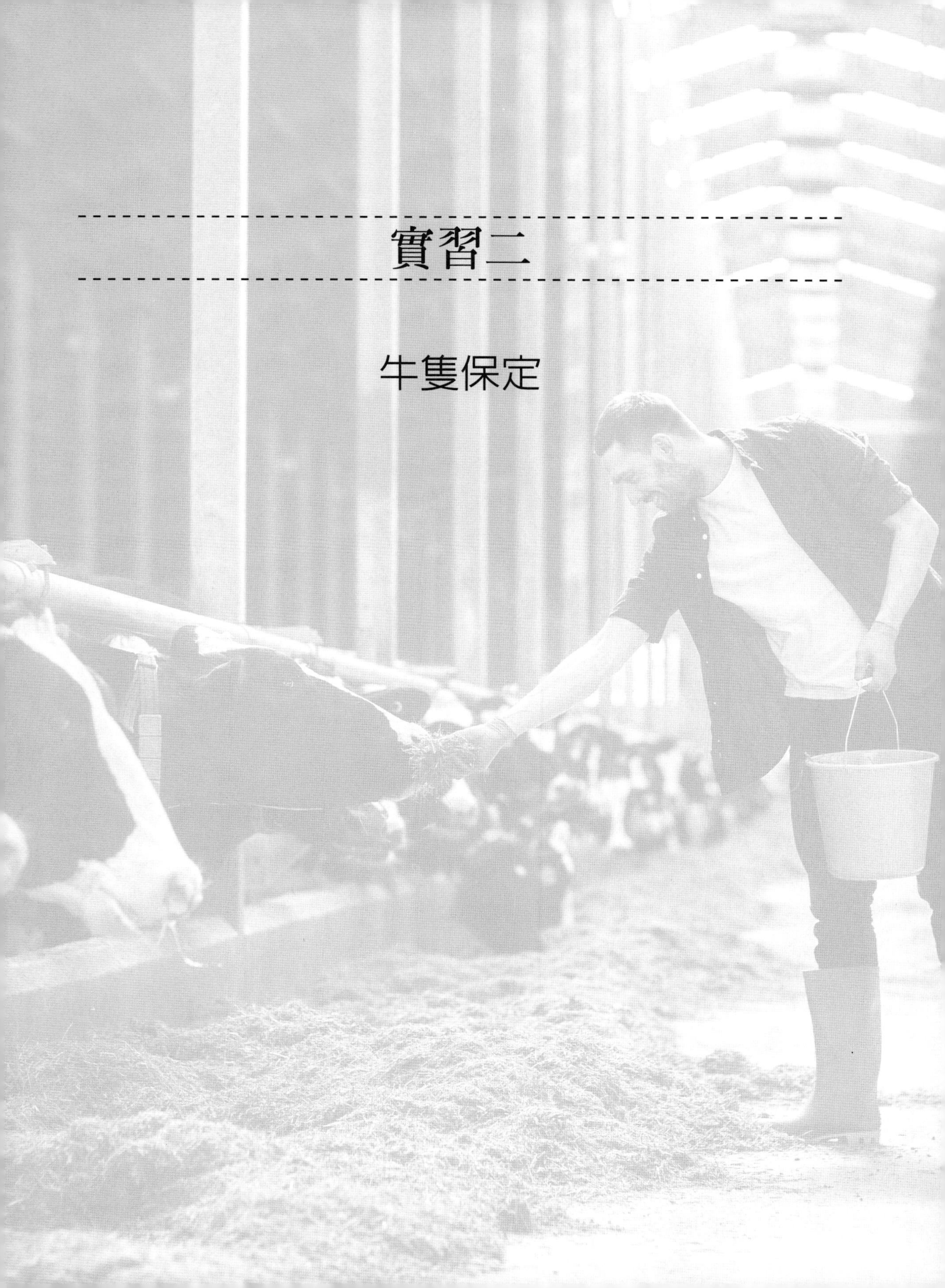

# 實習二

## 牛隻保定

# 實習目的

學習牛隻固定方法，以利後續實習操作與現場牛隻管理。

# 原理與背景

牛隻保定是進行牛隻操作時，確保操作安全與便利性的重要工作。根據環境條件、牛隻的年齡和特性、手術的需要、可供使用的設備與場地，可利用許多不同的牛隻保定方法。保定牛隻最常用的是物理方法，配合物理保定法應用鎮靜劑亦是有效的方法，但使用時要慎重。乳牛場現場使用上常會以窄欄或是利用繩索操作進行保定工作。

# 材料與器具

1. 保定用麻繩／聚酯纖維繩（4 公尺與 8 公尺）：
   * 直徑在 12-15 公釐，不可太細。
2. 牛隻鼻鉗。
3. 牛隻液壓夾欄。
4. 液壓傾斜臺。
5. 牛隻保定相關影片。

# 實習步驟與方法

## （一）繩索保定

### 1. 基本繩結使用（繩結操作步驟如圖 2-1）

步驟 1

用繩子繞出一個圈，用手固定末端。

步驟 2

用另外一端的繩子從前面繞過步驟 1 做出的圈。

步驟 3

用末端中間穿過步驟 2 形成的第二個圈。

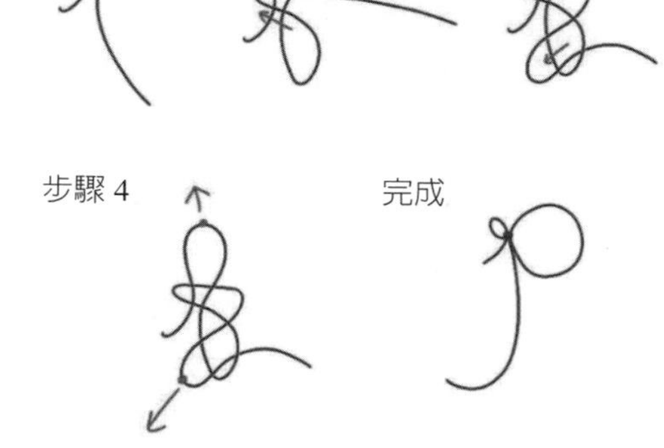


圖 2-1　繩結操作步驟

步驟 4

拉住圖中紅色的點，稍微固定較短的末端，並往兩邊拉。完成後，微調圓圈大小和末端長度，使其變成圖中的樣子。

### 2. 頭部保定

要在牛隻頭部或頸部順利地進行各種操作（例如：去角或頸部採血），必須適當固定頭部以利操作安全。對非常溫馴或穩定度高的牛隻，利用頸項夾配合固定住頭部繩索，已經相當足夠進行操作。

步驟 1

將綁好的繩結套上牛的口鼻並縮緊，將小的繩結對準牛隻右邊嘴巴的位置。注意套住口鼻的位置不能過深或是過淺，否則容易滑落（圖 2-2-1）。

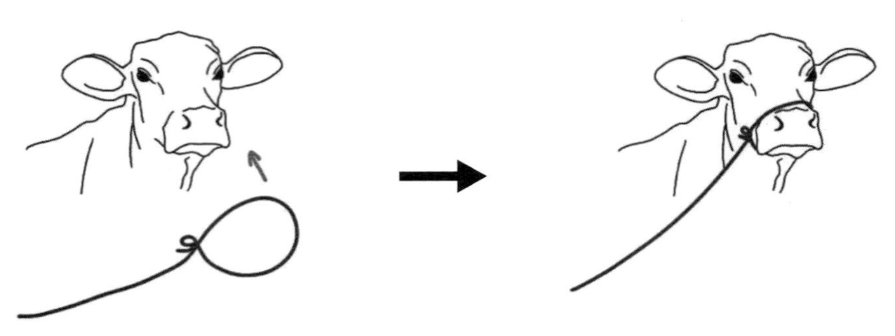

圖 2-2-1　頭部保定操作步驟 1

## 步驟 2

將另外一端的長繩繞過牛隻的耳朵、頭部後側，拉到牛隻左側。將繩子穿過左側口鼻上的繩圈，收緊繩子（穿過位置約在嘴巴開口處）（圖 2-2-2）。

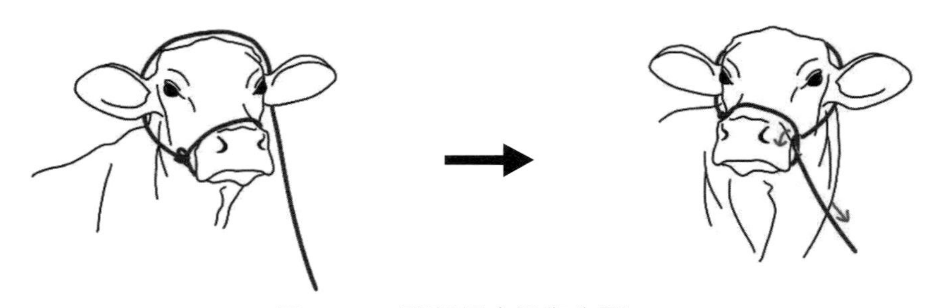

圖 2-2-2　頭部保定操作步驟 2

## 步驟 3

將繩子掛在欄杆上，向下用力拉，讓牛的口鼻緊緊貼住欄杆。拉的同時可以用肩膀推牛的頭，或是用繩子借力抬起牛的頭。拉緊後，用繩子繞過口鼻和欄杆，緊緊纏在一起（圖 2-2-3）。纏繞的位置最好在繩結的左側，可以避免纏繞時滑落。

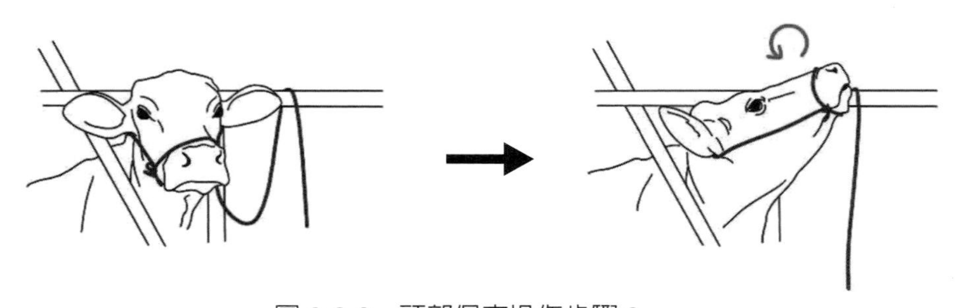

圖 2-2-3　頭部保定操作步驟 3

步驟 4

纏繞 2、3 圈後（依繩子長度決定），把末端打活結固定住，檢查是否穩定（圖 2-2-4）。鬆綁時，只需拉開一開始的繩結和最後的活結，就可以輕鬆卸下繩子。

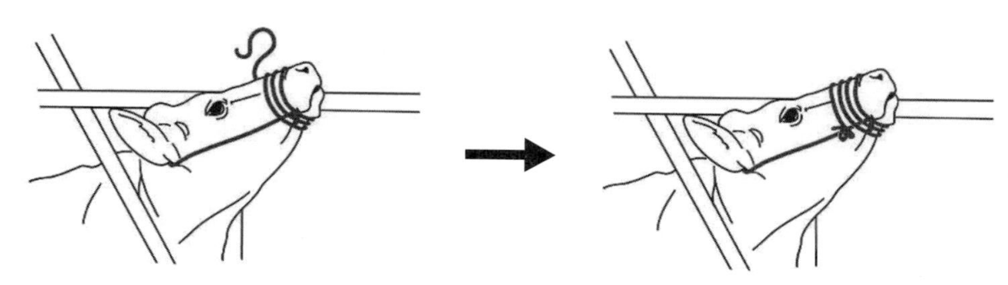

圖 2-2-4　頭部保定操作步驟 4

## 3. 腿部保定

為了防止牛隻在修蹄或進行現場操作時踢人，可利用後肢固定法使兩後肢的距離縮短為平常的 1/3。

(1) 後肢固定器自臀部向下夾至後脅部。

(2) 利用麻繩在兩後肢膝關節上方打 8 字結，逐步拉緊，縮短兩肢間之距離（圖 2-3）。但需注意 8 字結的位置需在後肢的飛節部位以上。

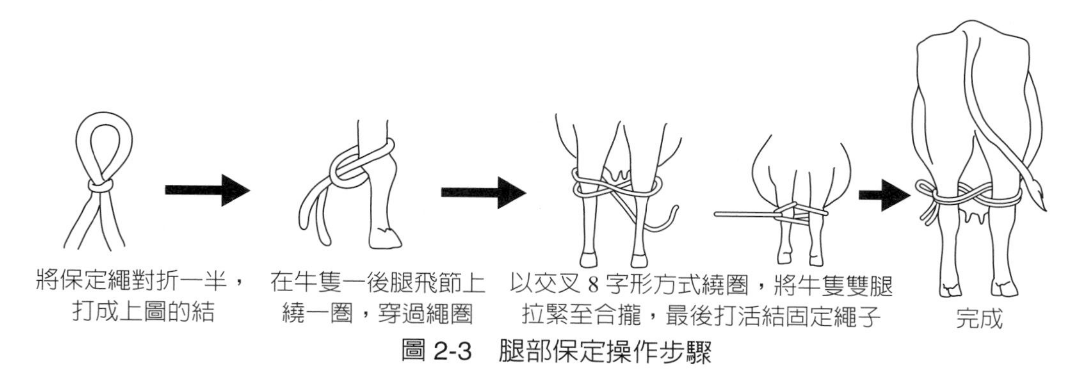


圖 2-3　腿部保定操作步驟

## 4. 繩索倒牛

牛比馬更容易使用繩索將其放倒，以物理方法保定時也較少掙扎。使用繩索倒牛的方法有幾種，通常是圍繞牛頸打一個不會滑脫的結，如單結套或方結。緊靠前腿後面圍繞胸廓打一半結，在髖結節及乳房前圍繞腰窩另打一個半結，握緊繩索，沉穩地向直後方牽拉。在數分鐘或更短時間之內，即使是更大的個體，也很少會掙扎，就會倒下。繩索必須有足夠的長度，以便牛能自由地倒下，如下圖 2-4-1：

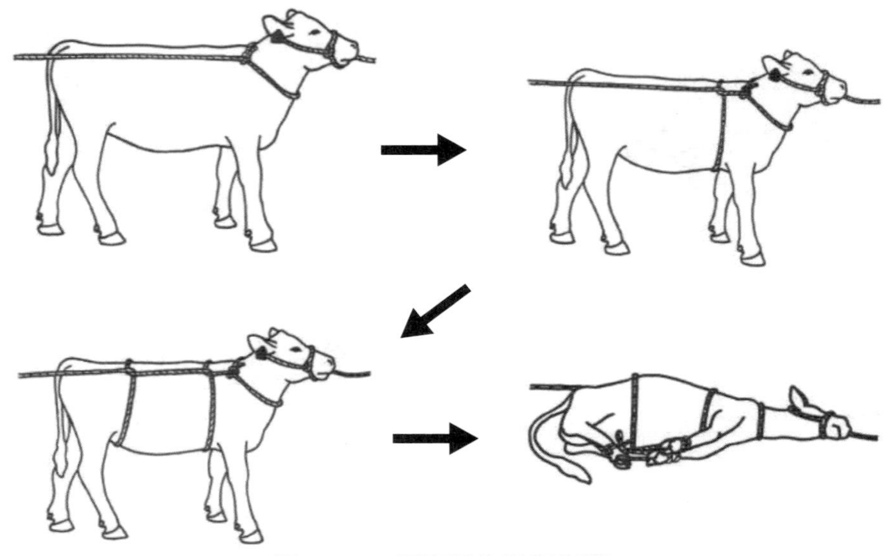

圖 2-4-1　繩索倒牛操作步驟 1

當放倒大公牛或貴重乳牛時，圍繞腰窩打半結有一定的危險，因爲可能損傷公牛的陰莖、母牛的乳房或乳房靜脈。可利用倒牛繩的中央橫置於肩峰，末端向下通過前腿間，在胸下交叉，返回背上，再在背上交叉，其末端向下，在兩後肢內側，陰囊或乳房間向後通過（圖 2-4-2）。兩繩端保持平穩的拉力，直至使牛倒下。但是用這種方法保定牛的四肢，在操作上會略爲困難。

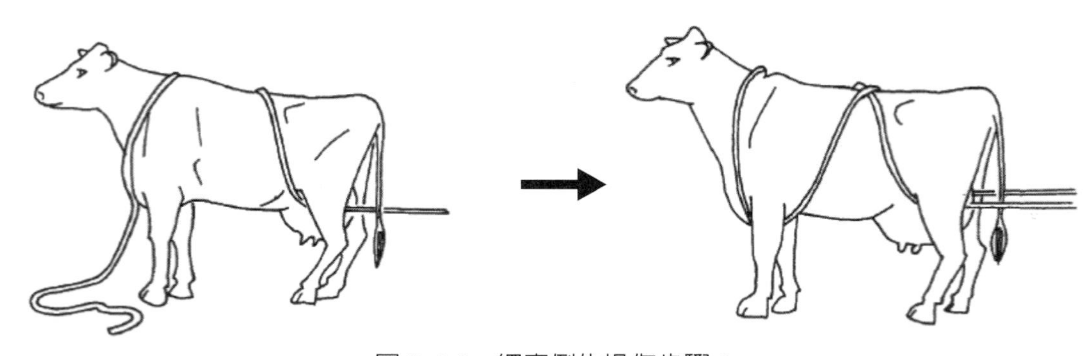

圖 2-4-2　繩索倒牛操作步驟 2

## （二）控制尾巴

將牛尾巴直的向上背曲，是轉移牛的注意力之簡單而有效的方法，這可避免其後踢或前後左右搖擺（圖 2-5）。也可以與鼻鉗牽拉牛一起應用（圖 2-6），此操作常爲小手術的可靠保定方法。處理乳房的工作或從尾靜脈採血時尤爲有用，但必須小心，因爲牛尾巴不及馬尾巴強固，如果施以強力，也可能折斷。

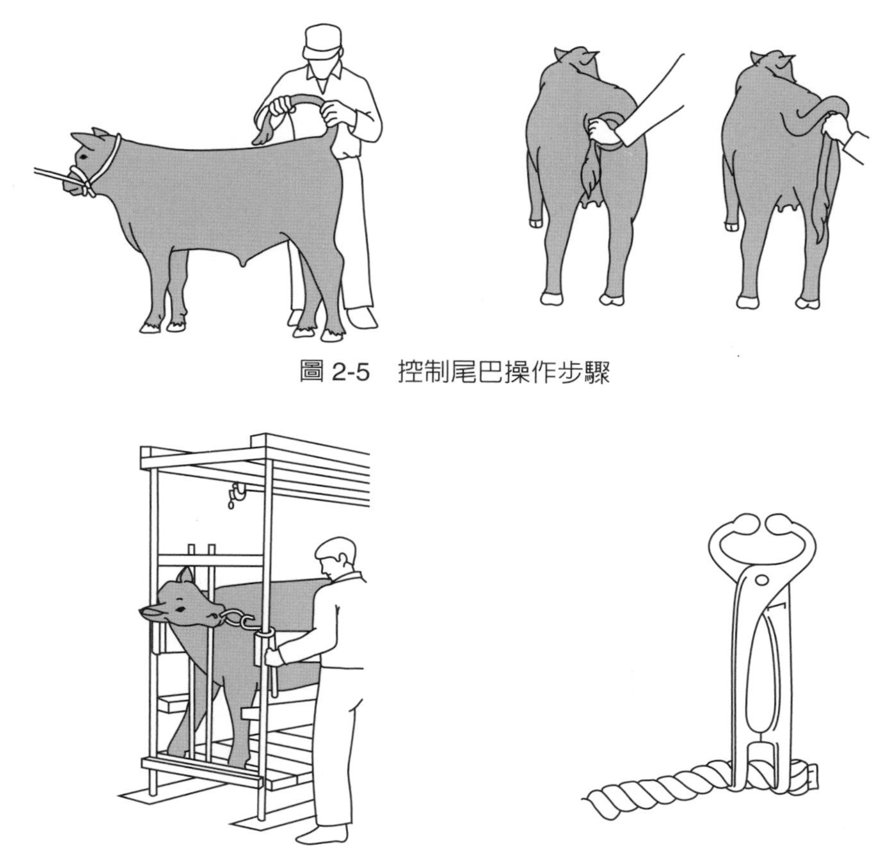

圖 2-5　控制尾巴操作步驟

圖 2-6　配合鼻鉗（右圖）牽拉牛

## （三）擠壓窄欄及頭夾

有許多種擠壓窄欄，其中之一主要是用於放牧的牛群，以窄欄控制牛，大多數很有效，而且安全（圖 2-7）。但是用這種方法建造窄欄有兩點需要注意，不能讓牛跌倒和阻塞窄欄。如有合適的頸架和保定架，也能有效用於檢查和外科手術。

圖 2-7　擠壓窄欄及頭夾

## （四）液壓傾斜臺

1. 液壓傾斜臺（圖 2-8）可用於牛橫臥保定，對於牛隻的固定性佳，也提供牛隻較舒適的保定方式。除了在需要麻醉的手術可使用外，對於牛隻腿部與蹄部的處理操作最爲適用。
2. 操作時將牛隻保定在傾斜臺前，需先進行頭部固定，配合腹部束帶將牛保定在直立的平臺旁，等平臺放倒後，再將四肢牢固地綁在平臺的固定端點上。
3. 少數反應較激動的牛隻可配合鎮靜劑使用，但大多數牛能耐受這種平臺式的保定。需注意橫臥時間過久時，需要注意此姿勢可能出現瘤胃內容物的逆流和阻礙牛隻噯氣而造成鼓脹，如果是在進行麻醉情形下，需時常留意是否出現這些問題。
4. 從傾斜臺放開牛隻時，需先鬆開腿部，等傾斜臺轉回直立位置，再向內將頭部與腹部束帶鬆開。轉動傾斜臺時要注意牛隻腿部是否有確實穩固著地，再完全轉爲直立，以防壓傷腳蹄。

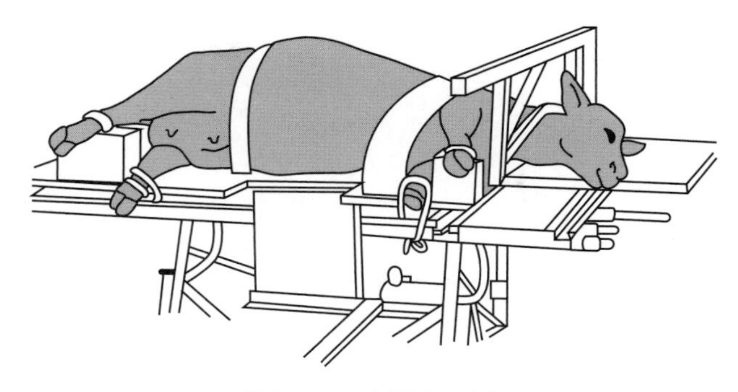

圖 2-8　液壓傾斜臺

## （五）徒手倒牛

比較小的犢牛常可有效地用手保定，若有個合適的助手更理想。「腰窩法」倒牛，是操作者面對小牛站在牛側，手越過牛背，抓住腋及腰窩的鬆弛皮膚，用一膝頂住，迅速將小牛向上翻倒於一側，小牛橫臥位時，上面的前肢拉向後方並將之屈曲，同時，以一膝用適當的力量壓住牛頸，予以保定，如果有助手可以坐在牛背後的地面，同樣抓住上面的後肢向後牽拉，助手雙腳壓在另一後肢跗關節上，用力將其推向前方，以避免側踢（圖 2-9）。

另一倒小牛法是將牽牛繩拉向後方，在跗關節上方纏繞後肢，人站在對側，握住繩索，拉轉牛頭，牽曳後肢向前，這樣，牛由於失去平衡，翻倒在側。

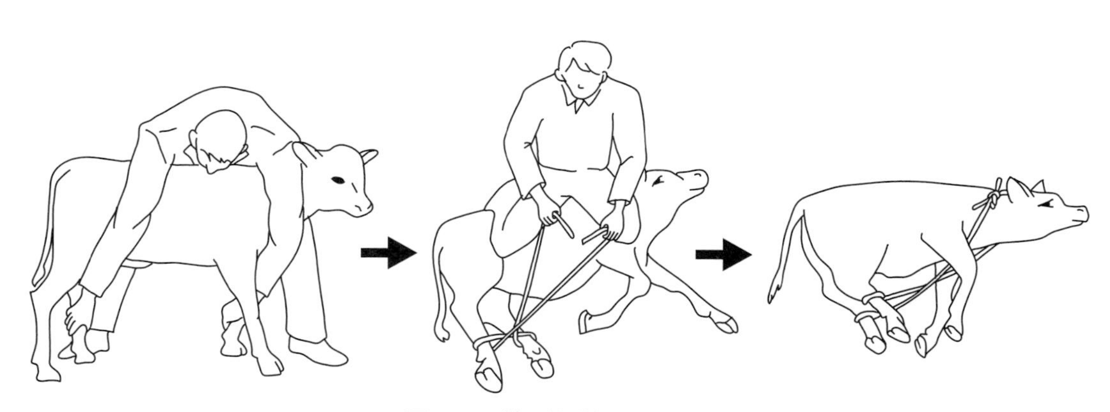

圖 2-9　徒手倒牛操作步驟

# 討論與問題

1. 利用提舉尾巴來控制牛隻移動時，需要注意哪些事項？
2. 牛隻進行修蹄時除了使用液壓傾斜臺外，還有哪些方式也可以使用？
3. 牛隻進行頸部與尾根採血時，應該進行哪些保定操作？

# 種公牛選用與種公牛遺傳資料應用

# 實習目的

練習判讀種公牛遺傳能力之資料，並根據種公牛之遺傳能力資料練習選用種公牛之方法。

# 原理與背景

種公牛沒有產乳表現，但其泌乳能力之估計育種價可由其數十、數百，甚至數千個女兒牛、祖先及其姊妹牛之泌乳量等估計而得。選用育種價高、可靠性也高之冷凍精液，以人工授精（AI）方式配種母牛群來改良乳牛群性能。Sire Summary 爲美國各乳用種公牛育種場（公司）所選拔之種公牛其性能遺傳摘要，供世界各國酪農選擇冷凍精液配種母牛群。本摘要手冊由美國荷蘭牛協會每年分別於 2 月、5 月、8 月、11 月等出版 4 期。各泌乳性能之估計育種價以預測傳遞能力（Predicted Transmitting Abilities, PTAs）表示，單位是磅。性能摘要表中，除父、母親牛名號外，尚包括其出生日期、泌乳性能、體型評鑑、分娩難易、產乳年限等性狀之遺傳評估及其可靠性（REL%）。綜合選拔指數以 TPI 爲主，另亦包括 NM$、CM$、FM$ 等綜合選拔指數值。TPI 是由乳脂量、乳蛋白質量、體型分數、腿蹄、泌乳系統、產乳年限及體細胞分數等性狀所組成，並以 TPI 頂優 100 名之公牛列出其排行及根據各單性狀排名美國最前 50 名之種公牛。相關之資料亦可由 https://www.holsteinusa.com/ 網站瀏覽。

# 材料與器具

1. 乳用種公牛資料表。
2. 冷凍精液性能資料表。

# 實習步驟與方法

## （一）種公牛遺傳能力資料之判讀

範例表 3-1 所示爲乳牛種公牛之資料，以下面範例介紹種公牛各項遺傳資料之含義及其用途，學習者可經反覆練習以準確說出各項資料之含義。了解各項資料之含義，才能根據取得的資料挑選適合之種公牛精液，用以改良母牛群之產乳或是體型之遺傳能力。

表 3-1　種公牛資料表

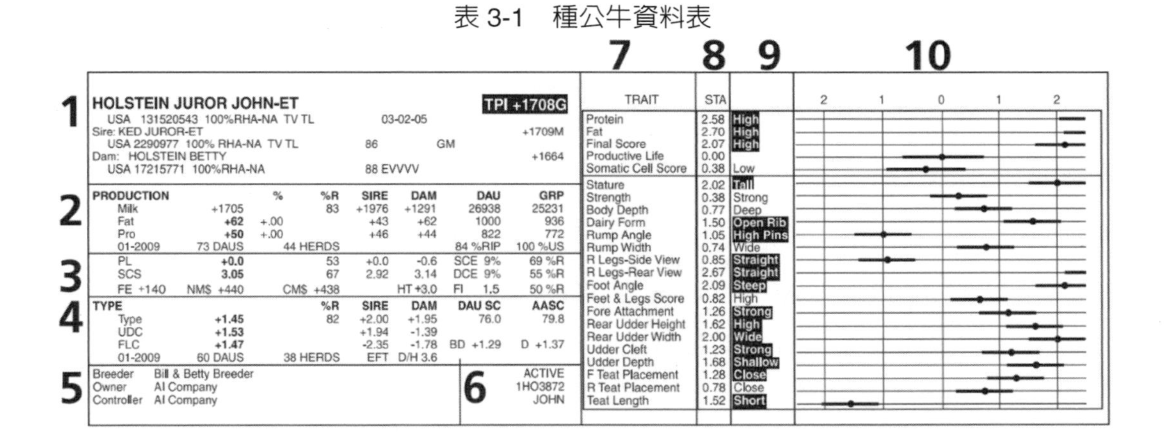

7　8　9　10

1
HOLSTEIN JUROR JOHN-ET　TPI +1708G
USA 131520543 100%RHA-NA TV TL　03-02-05
Sire: KED JUROR-ET　+1709M
USA 2290977 100% RHA-NA TV TL　86　GM
Dam: HOLSTEIN BETTY　+1664
USA 17215771 100%RHA-NA　88 EVVVV

2

| PRODUCTION | | % | %R | SIRE | DAM | DAU | GRP |
|---|---|---|---|---|---|---|---|
| Milk | +1705 | | 83 | +1976 | +1291 | 26938 | 25231 |
| Fat | +62 | +.00 | | +43 | +62 | 1000 | 936 |
| Pro | +50 | +.00 | | +46 | +44 | 822 | 772 |
| 01-2009 | 73 DAUS | | 44 HERDS | | | 84 %RIP | 100 %US |

3

| | | | | | | | |
|---|---|---|---|---|---|---|---|
| PL | +0.0 | | 53 | +0.0 | -0.6 | SCE 9% | 69 %R |
| SCS | 3.05 | | 67 | 2.92 | 3.14 | DCE 9% | 55 %R |
| FE +140 | NM$ +440 | | CM$ +438 | | HT +3.0 | FI 1.5 | 50 %R |

4

| TYPE | | | %R | SIRE | DAM | DAU SC | AASC |
|---|---|---|---|---|---|---|---|
| Type | +1.45 | | 82 | +2.00 | +1.95 | 76.0 | 79.8 |
| UDC | +1.53 | | | +1.94 | -1.39 | | |
| FLC | +1.47 | | | -2.35 | -1.78 | BD +1.29 | D +1.37 |
| 01-2009 | 60 DAUS | | 38 HERDS | EFT | D/H 3.6 | | |

5
Breeder　Bill & Betty Breeder
Owner　AI Company
Controller　AI Company

6
ACTIVE
1HO3872
JOHN

| TRAIT | STA | | 2 1 0 1 2 |
|---|---|---|---|
| Protein | 2.58 | High | |
| Fat | 2.70 | High | |
| Final Score | 2.07 | High | |
| Productive Life | 0.00 | | |
| Somatic Cell Score | 0.38 | Low | |
| Stature | 2.02 | Tall | |
| Strength | 0.38 | Strong | |
| Body Depth | 0.77 | Deep | |
| Dairy Form | 1.50 | Open Rib | |
| Rump Angle | 1.05 | High Pins | |
| Rump Width | 0.74 | Wide | |
| R Legs-Side View | 0.85 | Straight | |
| R Legs-Rear View | 2.67 | Straight | |
| Foot Angle | 2.09 | Steep | |
| Feet & Legs Score | 0.82 | High | |
| Fore Attachment | 1.26 | Strong | |
| Rear Udder Height | 1.62 | High | |
| Rear Udder Width | 2.00 | Wide | |
| Udder Cleft | 1.23 | Strong | |
| Udder Depth | 1.68 | Shallow | |
| F Teat Placement | 1.28 | Close | |
| R Teat Placement | 0.78 | Close | |
| Teat Length | 1.52 | Short | |

以下就範例自左至右，從上而下依次介紹各項資料之含義。

### 1. 身分系譜欄（Identification Pedigree Block）

HOLSTEIN JUROR JOHN-ET　TPI +1708G
USA 131520543 100%RHA-NA TV TL　03-02-05
Sire: KED JUROR-ET　+1709M
USA 2290977 100% RHA-NA TV TL　86　GM
Dam: HOLSTEIN BETTY　+1664
USA 17215771 100%RHA-NA　88 EVVVV

**第 1 行**

生產體型性能選拔指數（TPI）爲一種多性狀選拔指數，由美國荷蘭牛協會計算所得，公式由蛋白質量預測傳遞能力、脂肪量預測傳遞能力、體型預測傳遞能力、清秀性標準傳遞能力、乳房成分指數、腿蹄成分指數、使用年限預測傳遞能力、體細胞數標準傳遞能力、女兒牛懷孕率預測傳遞能力、分娩難易度預測傳遞能力等多項性狀所組成，然後根據這些性狀的加權比重計分值來排名公牛，只有經美國荷蘭牛協會所計算公布的 TPI 數值，才列爲證明 AI 公牛。

**第 2 行**

國籍、身分字號、荷蘭牛血統純度（Percentage Registered Holstein Ancestry, RHA；其中 NA 表示北美，I 表示國際）、遺傳疾病檢測代碼、體型最後分數、出生日期、金牌公牛獎與獲獎日期。

遺傳疾病檢測代碼：BD：牛頭犬症（Bulldog）、BL：淋巴球黏力缺失症（Bovine Leukocyte Adhesion Deficiency, BLAD）、TL：沒有淋巴球黏力缺失症不良遺傳基因、CV：脊椎畸形複合症（Complex Vertebral Malformation）、TV：沒有脊椎畸形複合症不良遺傳基因、DF：矮小症（Dwarfism）、DP：單譜症（Deficiency of Uridine Monophosphate Synthase, DUMPS）、TD：沒有單譜症不良遺傳基因、HL：無毛症（Hairless）、IS：皮膚缺陷症（Imperfect Skin）、MF：併蹄症（Mulefoot, Syndactylism）、TM：沒有併蹄症基因、PC：無角（Polled）、PG：孕期過長（Prolonged Gestation）、PT：坡菲林症（赤齒症，Pink Tooth, Porphyria）、RC：紅毛花色（Red Haircolor）、B/R：白花與紅花色比、TR：沒有紅毛花色遺傳基因。本項檢測是指以遺傳資料進行機率統計，證明有 99% 以上的可信度，該公牛是沒有該「遺傳疾病」之不良遺傳基因。

**第 3 行**

雄親牛姓名、雄親牛 TPI。

**第 4 行**

雄親牛國籍、身分字號、荷蘭牛血統純度（RHA；其中 NA 表示北美，I 表示國際）、遺傳疾病檢測代碼、體型最後分數、金牌公牛獎與獲獎日期。

**第 5 行**

雌親牛姓名、雌親牛 TPI。

**第 6 行**

雌親牛國籍、身分字號、荷蘭牛血統純度（RHA；其中 NA 表示北美，I 表示國際）、遺傳疾病檢測代碼、體型最後分數、體型評鑑等級、金牌母牛獎與優質母牛獎。

## 2. 生產性能摘要欄（Production Summary Block）

| PRODUCTION | | % | %R | SIRE | DAM | DAU | GRP |
|---|---|---|---|---|---|---|---|
| Milk | +1705 | | 83 | +1976 | +1291 | 26938 | 25231 |
| Fat | **+62** | +.00 | | +43 | +62 | 1000 | 936 |
| Pro | **+50** | +.00 | | +46 | +44 | 822 | 772 |
| 01-2009 | 73 DAUS | 44 HERDS | | | | 84 %RIP | 100 %US |

**第 1 行**

標題及項目。

**第 2 行**

乳量預測傳遞能力、乳量預測傳遞能力可靠性 %、雄親牛之乳量預測傳遞能力、雌親牛之乳量預測傳遞能力、後裔女兒牛平均數、同伴牛群平均數。

**第 3 行**

脂肪量預測傳遞能力、脂肪量預測傳遞能力可靠性 %、雄親牛之脂肪量預測傳遞能力、雌親牛之脂肪量預測傳遞能力、後裔女兒牛平均數、同伴牛群平均數。

**第 4 行**

蛋白質量預測傳遞能力、蛋白質量預測傳遞能力可靠性 %、雄親牛之蛋白質量預測傳遞能力、雌親牛之蛋白質量預測傳遞能力、後裔女兒牛平均數、同伴牛群平均數。

**第 5 行**

評估日期、後裔女兒牛頭數與群數、目前仍在測乳中之紀錄數百分比（Percentage of Records in Progress, RIP）、在美國的後裔女兒牛頭數百分比（Percentage of Daughters in the USA, US）。

### 3. 附加遺傳資訊欄（Additional Genetic Information Block）

| PL | +0.0 | 53 | +0.0 | -0.6 | SCE 9% | 69 %R |
|---|---|---|---|---|---|---|
| SCS | 3.05 | 67 | 2.92 | 3.14 | DCE 9% | 55 %R |
| FE +140 | NM$ +440 | CM$ +438 | | HT +3.0 | FI 1.5 | 50 %R |

**第 1 行**

使用年限（Productive Life, PL）、使用年限預測傳遞能力、使用年限預測傳遞能力可靠性 %、雄親牛之使用年限預測傳遞能力、雌親牛之使用年限預測傳遞能力、配種公牛之分娩難易度（Service Sire Calving Ease, SCE）、SCE 可靠性 %。

**第 2 行**

體細胞數分數（Somatic Cell Count Score, SCS）、體細胞數分數預測傳遞能力、體細胞數分數預測傳遞能力可靠性 %、雄親牛之體細胞數分數預測傳遞能力、雌親牛之體細胞數分數預測傳遞能力、後裔女兒牛分娩難易度（Daughter Sire Calving Ease, DCE）、DCE 可靠性 %。

**第 3 行**

淨優點（產值）（Net Merit）$、乳酪淨產值 $、液態乳淨產值 $、後裔女兒牛懷孕率（Daughter Pregnancy Rate, DPR）、DPR 可靠性 %。

### 4. 體型摘要欄（Type Summary Block）

| TYPE | | %R | SIRE | DAM | DAU SC | AASC |
|---|---|---|---|---|---|---|
| Type | +1.45 | 82 | +2.00 | +1.95 | 76.0 | 79.8 |
| UDC | +1.53 | | +1.94 | -1.39 | | |
| FLC | +1.47 | | -2.35 | -1.78 | BD +1.29 | D +1.37 |
| 01-2009 | 60 DAUS | 38 HERDS | EFT | D/H 3.6 | | |

**第 1 行**

標題與項目。

**第 2 行**

體型（Type）、體型預測傳遞能力、體型預測傳遞能力可靠性 %、雄親牛之體型預測傳遞能力、雌親牛之體型預測傳遞能力、後裔女兒牛體型最後分數平均值（FS）、體成熟矯正分數平均值（Average Age Adjusted Score, AASC）。

**第 3 行**

乳房線性成分指數（Udder Composite, UDC）、雄親牛之乳房線性成分指數標準傳遞能力、雌親牛之乳房線性成分指數標準傳遞能力。

**第 4 行**

腿蹄線性成分指數（Feet and Leg Composite, FLC）、雄親牛之腿蹄線性成分指數標準傳遞能力、雌親牛之腿蹄線性成分指數標準傳遞能力、體型成分指數、體軀容積成分指數。

**第 5 行**

評鑑日期、後裔女兒牛頭數與場數、有效後裔女兒牛頭數（Effective Daughter per Herd, EFT D/H），EFT D/H 指標係顯示每場之有效後裔女兒分布數，假如每頭女兒牛平均分配在每個牛場，則 EFT D/H = 1，若 EFT D/H 的數值很高，表示後裔分布數可能過度偏重某些場，將影響同伴牛群比較與後裔檢定的效能，因此該數值偏低表示後裔檢定數值越可靠。

## 5. 畜主欄（Ownership Block）

| | |
|---|---|
| Breeder | Bill & Betty Breeder |
| Owner | AI Company |
| Controller | AI Company |

**第 1 行**

育種者姓名或名稱。

**第 2 行**

擁有者，人工授精（Artificial Insemination, AI）公司。

**第 3 行**

管理者，人工授精（Artificial Insemination, AI）公司，為國家動物育種場資訊（NAAB）紀錄中登錄的公司。

## 6. 國家動物育種場資訊（NAAB）欄（NAAB Data Block）與採精管理碼

ACTIVE
1HO3872
JOHN

**第 1 行**

精液供應狀況。

C-COLLECTED：已經收集和／或分配了 NAAB 代碼但還沒有釋出精液供使用的公牛。

P-PROGENY TEST SIRE：已釋出精液並用於多個畜群使用進行後裔驗證。

F-FOREIGN：公牛已經在美國以外的地區進行了後裔驗證，並且在美國進行銷售使用中。

A-ACTIVE AI SIRE：公牛已被採精，並獲得了美國農業部的基因評估，並且帶有該 NAAB 代碼的精液，可常規獲得並正常出售。

L-LIMITED：具有 USDA 發布的評估結果的公牛，但是精液數量有限。

I-INACTIVE AI SIRE：目前不再使用的人工精液提供公牛。

**第 2 行**

NAAB 編號／後裔採精碼：採精者管理碼，後裔採精碼可以顯示其採精程序，如：「S」表示標準採精程序，「O」表示其他採精方式，採精者管理碼可以顯示新加入採樣公牛之管理場，舉例來說，S:7 表示該公牛是由第 7 號公牛採精管理場以標準程序進行採精。

**第 3 行**

公牛的短名。

## 7. 性狀名稱欄（Trait Name Block）

各性狀標準傳遞能力（STAs）圖形化的性狀名稱。

## 8. 標準傳遞能力（STAs）欄（Standard Transmitting Ability Block）

共顯示 23 項包括生產及體型性狀之標準傳遞能力測量值，標準傳遞能力是各性狀之預測傳遞能力（PTAs）經標準化之後所得之結果，標準傳遞能力測量值幾乎都落於平均值爲 0 左右各 3 個標準偏差之內，標準化之後使各項性狀可以在相同的刻度範圍內互相比較，因此讓我們可以檢視一頭公牛的某一性狀是如何較另一性狀者表現來得突出。

## 9. 性狀突出表現（生物特性極端）欄（Biological Extreme Block）

對於此 23 項體型性狀中的每一性狀均進行性狀突出表現的描述，當某一性狀的標準傳遞能力（STAs）測量值大於 0.85 時，該性狀就以反白方式來顯示其極端的生物特性。

## 10. 性狀描述欄（Trait Profile Block）

各性狀的標準傳遞能力（STAs）測量值都會附帶顯示其信賴區間（Confidence Range, CR），信賴區間（CR）是標準傳遞能力的可靠範圍，每一性狀的信賴區間都以棒狀陰影來表示，當該公牛之後裔檢定數越多時，其標準傳遞能力測量值就會越準確，相對地，信賴區間的棒狀陰影範圍就會越短。性狀的表現若趨向極端時，通常以◀或是▶來表示，當信賴區間測量範圍的右極端值超越 2.35 或是左極端值超越 –2.35 時，就分別以上述符號來描述其生物特性極端。

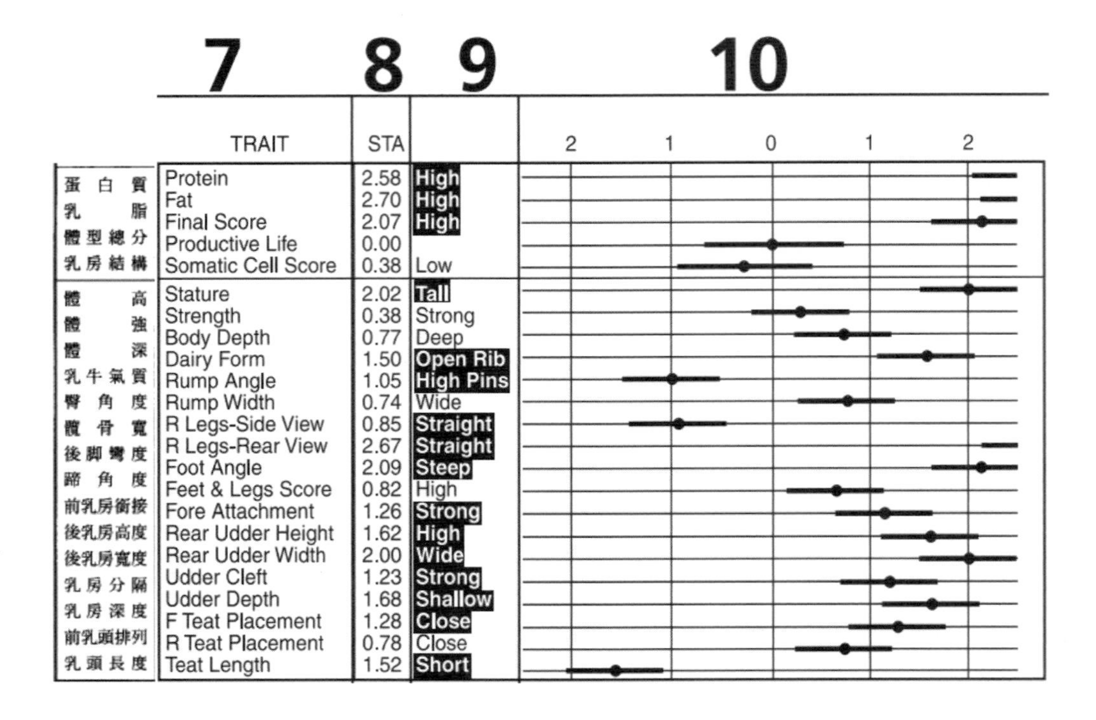


## （二）根據種公牛之遺傳資料選用種公牛

將個別種公牛前述如表 3-1 之產乳與體型之遺傳資料彙集成表 3-2。根據表 3-2 蒐集之種公牛遺傳資料，可選擇最適合之種公牛冷凍精液配種，以改良母牛群之產乳能力與體型。

如果乳牛場之母牛群產乳量偏低，根據表 3-2，可選用 29H 14301 號公牛之精液配種，因其產乳量之遺傳傳遞能力預測值（PTAM）為 +1950，為表 3-2 公牛中之最高者，但其每一劑量之冷凍精液售價也須考慮，當價格較高時，可選擇 PTAM 次高或是考量乳成分改進來挑選精液，可稍節省配種之成本。

如果乳牛場之母牛群產乳量已相當高，其母牛群之體型尚可，但是腿部強度較差，則可選用 29H 14459 號公牛之冷凍精液配種，因其腿腳強度遺傳傳遞能力之預期值之標準偏差值為 +1.46，為表 3-2 所列公牛中之最高者，表示該公牛女兒牛之腿蹄強度，預期可比其他公牛女兒牛獲得最大之改善。

表 3-2　種公牛遺傳資料彙整表

| 公牛（Bull） | 系譜（Pedigree） | 生產性能（Production） | | | | | | | | | | 體型（Type） | | |
|---|---|---|---|---|---|---|---|---|---|---|---|---|---|---|
| 精液號碼 / 姓名（Code/Name） | 父系 / 外祖父（Sire/GS） | 總指數（TPI） | 乳量（PTAM Lbs） | 蛋白質（PTAP Lbs） | %（PTAP /PTAF） | 脂肪（PTAF Lbs） | 效益值（Net Merit） | 可信度（%Rel） | 女兒 / 群數（Dtrs/ Herda） | 女牛需助產率（CE%） | 生產年限 / 體細胞分數（PL/SCS） | 體型指數（PTAT） | 乳房組成（UD） | 腿腳強度（FL） |
| 29H 13246 JULY | SHOTTLE/DEBUT | +1814 | +754 | +24 | +.01/+.13 | +61 | +381 | 99% | 2355/531 | 8.7% | +1.90/+2.80 | +1.34 | +0.68 | +1.20 |
| 29H 14301 BOSTON | ALTABAXTER/ BOLIVER | +2038 | +1950 | +54 | -.01/-.01 | +70 | +546 | 94% | 134/61 | 9.3% | +3.20/+2.85 | +1.80 | +1.23 | +1.13 |
| 29H 14459 MUNGO | MASCOL/ALTON | +1946 | +842 | +41 | +.06/+.17 | +68 | +521 | 94% | 133/67 | 5.8% | +2.30/+2.90 | +1.22 | +1.03 | +1.46 |
| 29H 13245 JANUARY | SHOTT:E/DEBUT | +1694 | +1600 | +47 | +.00/+.01 | +61 | +233 | 99% | 4864/1761 | 8.1% | -0.60/+3.08 | +1.31 | +0.79 | +0.14 |
| 29H 14343 CORNELL | BOLIVER/OMAN | +1859 | +1110 | +37 | +.02/-.07 | +20 | +398 | 94% | 146/71 | 7.2% | +2.40/+2.83 | +1.09 | +1.51 | +0.89 |
| 29H 14563 GWEEDO（全美排行第 97 名） | PLANET/OMAN | +2044 | +1500 | +55 | +.04/-.02 | +49 | +607 | 95% | 173/93 | 6.3% | +4.80/+2.66 | +1.25 | +1.09 | -0.34 |
| 29H 13144 MORREL | OMAN/RUDOLPH | +1921 | +1489 | +48 | +.01/-.04 | +44 | +505 | 99% | 2789/343 | 6.5% | +3.00/+2.78 | +0.60 | +0.38 | +0.67 |
| 29H 14427 ABC（全美排行第 55 名） | OMAN/BOLIER | +2115 | +865 | +43 | +0.6/+.15 | +72 | +728 | 95% | 147/78 | 6.8% | +5.30/+2.62 | +0.80 | +0.95 | +1.30 |
| 29H 13426 TAX | SHOTTLE/ITO | +1829 | +1247 | +24 | -.05/+.05 | +59 | +428 | 97% | 501/154 | 6.9% | +2.90/+2.99 | +1.13 | +1.25 | +0.51 |
| 29H 13325 MAGNETISM | SHOTTLE/ BW MARSHALL | +1753 | +1645 | +33 | -.06/-.01 | +57 | +254 | 99% | 6610/2111 | 7.1% | -0.80/+2.74 | +1.99 | +0.87 | +0.61 |

# 討論與問題

若希望能提升某母牛群乳量與乳脂率，但是此牛群之母牛體型偏小，應選擇上表 3-2 哪個冷凍精液進行配種較為適當？

# 實習四

## 牛隻體型測定與體重估測

# 實習目的

熟悉牛隻體型各部位之測定方法，並利用測定結果進行體重估測。

# 原理與背景

經營乳牛場最主要的收入爲出售牛乳之所得，因此提高產乳量與乳品質，一直是研究人員及經營者努力的工作重點。由於乳牛體型與產乳量兩者之間成正相關，因此利用客觀的方式對牛隻進行體型測定時，即可用具體數字來顯示牛隻體型大小、發育狀況以及各部位比例等項目，進而對牛隻體重進行估測。體測的結果也能提供牛隻鑑別過程作爲參考，使鑑別結果更加準確，並可在牛隻進行買賣時，作爲價格的依據之一。

# 材料與器具

1. 捲尺。
2. 測杖。
3. 測值紀錄表。
4. 牛隻秤重用地磅。

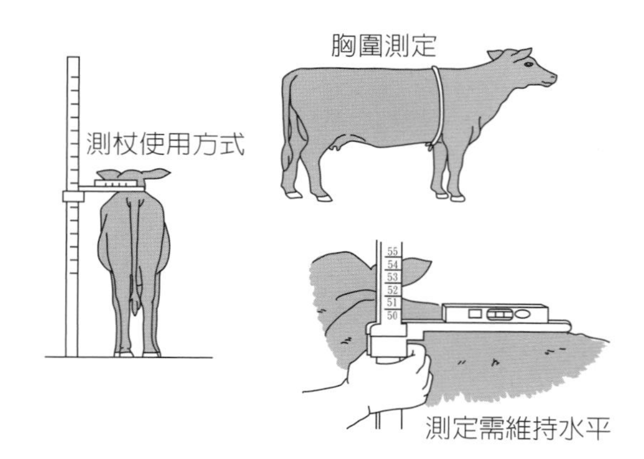

# 實習步驟與方法

## （一）牛隻體測

乳牛主要體測有 10 個部位（測量位置標示如圖 4-1）：

三高：體高（鬐甲高）/ 後高（十字部高）/ 坐骨高。

二長：體長 / 臀長。

三幅：腰幅 / 髖骨幅 / 坐骨幅。

二圍：胸圍 / 前管圍。

1. 高度測量：以測杖垂直測定。
   (1) 鬐甲高：前肢正上方鬐甲部位之離地高。
   (2) 十字部高：兩腰角與薦椎前端之會合點離地高。
   (3) 坐骨高：坐骨端之離地高。
   (4) 尾根高：尾根提起上下移動，視尾椎與薦椎結合點，量此點之離地高。
   (5) 飛節高：後肢脛骨與蹠骨之間的跗骨關節離地高。
   (6) 後乳房銜接高：後乳房與兩後肢銜接部之離地高。
2. 寬幅測定：以測杖及夾測器測定。
   (1) 肩寬幅：兩前肢肩胛骨端之寬度。
   (2) 胸幅：在肩胛骨之緊後處之寬度。
   (3) 腰幅：兩腰角外側之寬度。
   (4) 髖骨幅：左右二髖骨關節之寬度。
   (5) 坐骨幅：兩坐骨端間之寬度。
3. 長度測定：以測杖與捲尺測定。
   (1) 體長：肱骨前端至坐骨端之長度。
   (2) 頸臀長：前頭骨後緣至第一尾椎前端。
   (3) 臀長：腰角至坐骨節之間之長度。

4. 圍之測定

(1) 胸圍：前肢肩胛骨後方之最小圓周長度。

(2) 前管圍：前肢掌骨之最細部位之周長。

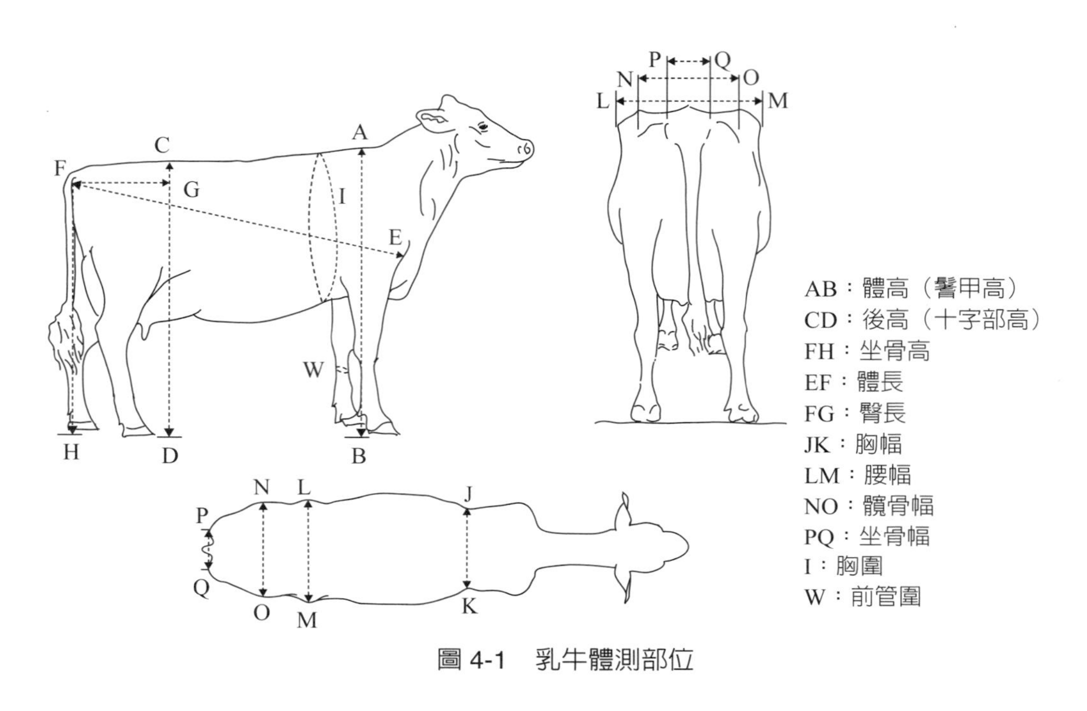


圖 4-1　乳牛體測部位

## （二）體重估測

乳牛飼養時，不同的發育階段均需提供均衡與充足的營養，而其營養需求依照維持、生長與生產（增重、泌乳等）及其他需要而定，生產和其他需要會因生產量及環境定義而有變化，牛隻的維持日糧需求，是每日給予的養分足夠維持其體重不增不減。維持所需的能量及其他養分，主要與體重有關。

計算乳牛之營養需求時，基於維持營養的基本需求，必須先確認牛隻體重。同時，體重也是牛隻進行治療投藥及注射時之用量依據。定期測定乳牛體重，也可讓飼養管理人員知曉牛隻在各階段是否發育良好。有地磅設備的牧場，牛隻個別秤重則無問題，但在實際作業上，地磅安置於定位後，無法移動。因此，爲求得便於現場利用且可靠之標準，根據眾多乳牛的實際體重與體測測量數值，計算得估測公式來進行計算是相當實用的方式。目前，估測牛隻體重的各種方法，大都依據體長及胸圍等測定值來估算，其計算公式有下列數種：

1. 簡易法： $W = G^2 \times (L/300)$

   W：體重（磅）；G：胸圍（英寸）；L：體長（英寸）。

2. 焦式法： $W = 79.6 \times G^2 \times (L + S)$

   W：體重（公斤）；G：胸圍（公尺）；L：體長（公尺）；S：前管圍（公尺）。

   本公式適於成年荷蘭牛，過肥或過瘦之個體，應分別將估測值再乘 1.04 或 0.96，使其更接近實際重量。

3. 美式法： $W = 0.342 \times (G + K) \times 1.86$

   W：體重（磅）；G：胸圍（英寸）；K：係數（英寸）。

   K 值依下列情況而定：女牛不加 K 值，至於其他不同年齡之 K 值如下表 4-1 所示。

表 4-1 美式法體重估測之係數表

| 年齡／種別 | 荷蘭牛 | 娟姍牛 | 更賽牛 | 埃爾夏牛 |
|---|---|---|---|---|
| <3 歲 | 6 | 0 | 2 | 2 |
| 3-4 歲 | 8 | 2 | 4 | 4 |
| >5 歲 | 9 | 2 | 5 | 5 |

4. 和式法： $W = K \times G^2 \times L$

   W：體重（公斤）；G：胸圍（公分）；L：體長（公分）；K：係數。

   K 值：18 個月齡以上之母牛與公牛分別爲 0.0000942、0.0000952。18 個月齡以內之公、母分別爲 0.0001025、0.0001061。18 個月齡以上且營養佳者或 18 個月齡以內且營養差者，公、母分別爲 0.0000987、0.0001048。

5. 測尺法：利用標有牛隻體重之測尺（圖 4-2），量取胸圍讀數（圖 4-3），對照表 4-2 讀出其體重。

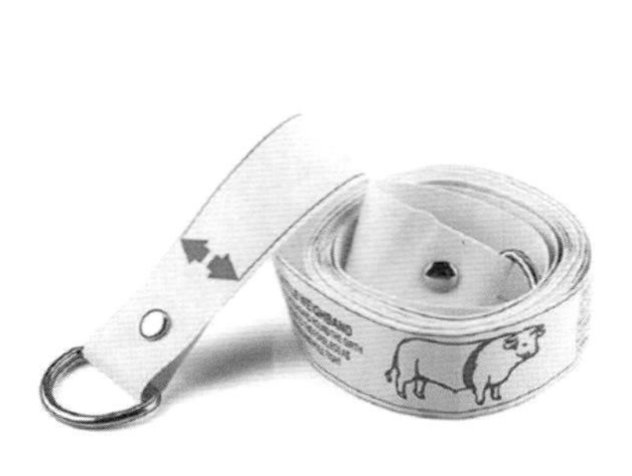

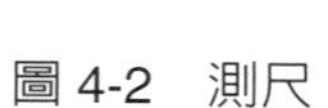

圖 4-2　測尺

圖 4-3　胸圍測定位置

實習時利用測定各部位測值進行計算，最後利用地磅直接測定乳牛體重，再與各種估測法進行比較，並利用表 4-3 與表 4-4 進行記錄。

表 4-2　測尺法之荷蘭牛胸圍轉換體重對照表

| 胸圍（公分） | 體重（公斤） | 胸圍（公分） | 體重（公斤） |
|---|---|---|---|
| 65 | 28 | 151 | 290 |
| 70 | 34 | 155 | 310 |
| 75 | 41 | 159 | 330 |
| 80 | 49 | 163 | 350 |
| 85 | 58 | 166 | 370 |
| 90 | 68 | 169 | 390 |
| 95 | 79 | 172 | 410 |
| 100 | 91 | 175 | 430 |
| 105 | 104 | 178 | 445 |
| 110 | 120 | 180 | 460 |
| 118 | 145 | 183 | 480 |
| 125 | 170 | 186 | 500 |
| 132 | 195 | 190 | 530 |
| 138 | 220 | 195 | 570 |
| 143 | 240 | 200 | 608 |
| 147 | 260 | 205 | 645 |

表 4-3　牛隻各部位體測實測值紀錄表

| 測定項目 | | 測定值 |
|---|---|---|
| 三高 | 鬐甲高 | |
| | 十字部高 | |
| | 坐骨高 | |
| 二長 | 體長 | |
| | 臀長 | |
| 三幅 | 腰幅 | |
| | 髖骨幅 | |
| | 坐骨幅 | |
| 二圍 | 胸圍 | |
| | 前管圍 | |

表 4-4　牛隻體重估測法預估與比較紀錄表

| 體重估測法 | 與實際體重比較差異 |
|---|---|
| （估測值） | （實際體重 =　　　　　　） |
| 簡易法 | |
| 焦式法 | |
| 美式法 | |
| 和式法 | |
| 測尺法 | |

## （三）年齡鑑別

乳牛年齡辨別方法有：(1) 依牙齒生長情況；(2) 角輪辨別；(3) 判斷乳牛所顯現的外貌。一般飼養乳牛者，都在仔牛出生後不久即予以去角處理，使我們常無法以角輪來辨別。再者乳牛所顯現的外觀，往往會隨著飼養管理的好壞而有很大的變異。因此，最主要的方法還是依其牙齒生長情況來判別乳牛年齡。

成熟的牛隻下顎有 8 枚牙齒，上顎無門齒但有肉芽，肉芽為厚的結締組織層，並具有角質的表層。

牛永久齒的齒式爲

$$2\left(I\frac{0}{4}C\frac{0}{0}P\frac{3}{3}M\frac{3}{3}\right)=32$$

乳齒齒式爲

$$2\left(Di\frac{0}{4}Dc\frac{0}{0}Dp\frac{3}{3}\right)=20$$

其中括號前之 2 代表左右皆有，括弧中一之上代表上顎，一之下代表下顎，而 I 爲門齒，C 爲犬齒，P 爲前臼齒，M 爲臼齒，Di 爲乳門齒，Dc 爲乳犬齒，Dp 爲乳前臼齒。

牛隻在幼小時，可依牙齒生長及脫落情形來辨別。成年後，則由牙齒的磨損程度加以推定。犢牛於 1 歲齡內，下顎 8 枚門齒仍全爲乳齒；至 1.5-2 歲齡時，中間第 1 對門齒替換爲永久齒；2-2.5 歲齡時，第 2 對門齒替換完成；3-3.5 歲齡時，第 3 對門齒替換完成；到了 4 歲以上，則下顎 4 對門齒全換成永久齒。4 歲齡後，就要憑經驗來觀察牙齒磨損程度，再輔之以外貌來推測牛隻年齡。由牙齒之生長替換情形來判別牛隻年齡的方法如圖 4-4 所示。

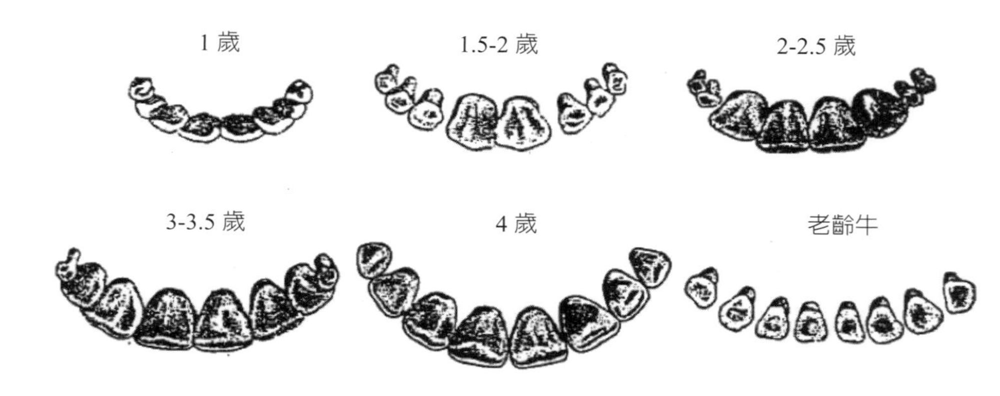


圖 4-4　不同年齡之牛隻門齒齒式

# 討論與問題

1. 請利用各種體重估測之方式與實際地磅量測之體重對照，評估各種推估法的差異。
2. 試討論利用測尺法量測牛隻胸圍，進行女牛體重估測時，爲何會比經產母牛來得準確。

# 實習五

## 乳牛體型評鑑

# 實習目的

熟悉乳牛體型各部位之名稱，並了解乳牛功能性體型各性狀之意義。

# 原理與背景

提高乳牛之產乳量與乳品質，除了在飼養管理技術上進行改善外，還需挑選遺傳上性能優越的乳牛，才能相輔相成。乳牛產乳性能與體型有正相關，泌乳量高的牛隻需要有高大的體軀與足夠的胸深、腹深，則其呼吸、循環、消化等系統才能發達。乳房的性狀與乳量亦有密切的關係，尤其是前乳房長、後乳房銜接寬度及高度、乳房的深度、前後乳頭距離等。由於現代乳業經營牛群規模逐漸擴大，並且實施機械化，管理性狀對於牛群之利潤亦有很大的影響，因此這些性狀日趨重要，這些管理性狀包括擠乳速度、乳房炎抗性、繁殖性能、乳房水腫、仔牛分娩容易度及一般健康。

乳牛體型之研究無非是想由評鑑的資料中尋求乳牛體型相對的重要性以及體型性能的功能，並且衡量各種環境因素影響體型性狀的表現效果，評估體型性狀與管理性狀、經濟性狀間之遺傳型與表現型的相關性，以致力於種公牛體型遺傳能力優劣評估及改良母牛體型的缺點，進而延長母牛使用年限。

# 實習材料與器具

1. 乳牛體型性狀名稱位置圖。
2. 乳牛鑑別評分卡。
3. 乳牛功能體型評分表。

# 實習步驟與方法

以圖示或實體介紹牛隻體型各部位之名稱，經反覆練習而能準確說出牛體各部位之名稱，以及該部位所涵蓋之範圍。利用圖片或實體介紹牛隻功能體型性狀之部位、意義及其評分，經反覆練習而能正確識別牛隻功能體型性狀之部位。利用數頭胎次相同或相近之泌乳牛，進行辨識各功能體型性狀之優劣或強弱之練習，並加以評分。

## （一）乳牛體型各部位之名稱

下圖 5-1 爲乳牛體型各部位之名稱。以圖 5-1 塗去各部位名稱，評量辨認各部位之能力。或以牛隻實體現場指點各部位，直到均能正確說出其名稱。

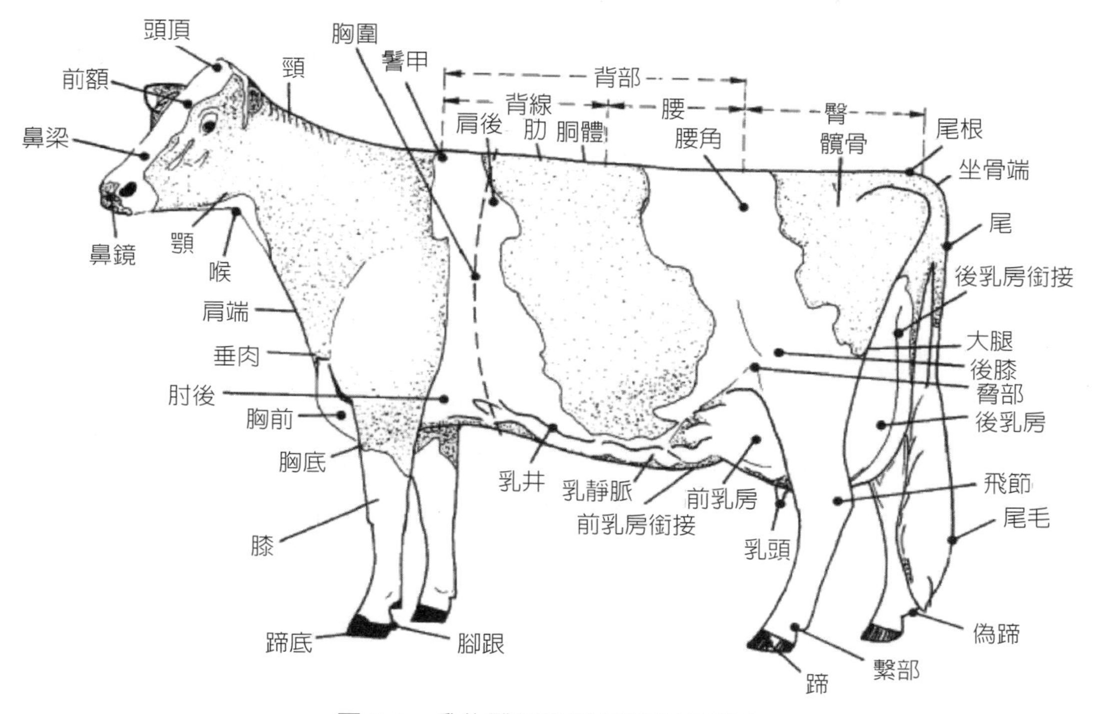


圖 5-1　乳牛體型性狀名稱與位置圖

## （二）功能性體型性狀

功能性體型性狀即乳牛之體型結構中，與乳牛之產乳能力與使用年限有關之性狀。功能體型性狀有 15 項，即體高、體強、體深、乳牛氣質、臀角度、髖骨端寬、後腳彎曲度、蹄角度、前乳房銜接、後乳房高度、後乳房寬度、乳房分隔、乳房深度、前乳頭排列、乳頭長度。以上 15 個性狀可以線性體型評分法加以評分。

1. 其中之體高、蹄角度、後乳房高度、後乳房寬度、乳房深度等 5 項，可依其實測之度量值予以評分，如下表 5-1。

表 5-1　功能性體型線性評分 (1)

| 線性體型評分 | 5 | 15 | 25 | 45 |
|---|---|---|---|---|
| 體高（公分） | 129 | 134 | 139 | 149 |
| 蹄角度（°） | — | — | 45 | — |
| 後乳房高度（公分） | 36 | — | 27 | 18 |
| 後乳房寬度（公分） | 8 | — | 14 | 20 |
| 乳房深度 *（公分） | — | 0 | 6 | 18 |

* 為乳房位於飛節以上之高度。

2. 其餘之 10 項體型性狀，無法用度量之數值表示者，則依其傾向之程度，使用線性評分法予以如下表 5-2 進行評分。

乳牛用以上之線性評分法所得之分數，採用統計方法計算其平均值與標準偏差，再以個別牛隻之評分轉換成以距平均值若干個標準偏差爲單位予以表示，而得如同表 5-3 範例之結果。即以 0 表示線性評分法所得各公牛之分數平均值，向左之 1、2 爲其評分數低於平均值之標準偏差數，而向右之 1、2 爲其評分數高於平均值之標準偏差數。根據此種資料，可供作選用何種公牛配種以改良母牛群之參考。

表 5-2　功能性體型線性評分 (2)

| 體型性狀 | 說明 | 線性體型評分 |
|---|---|---|
| 體強 | 前腿應直，兩前腿間、兩後腿間之分隔間距夠寬，站立時四肢位置呈長方形時為強，反之則為弱。 | 弱 -5-25-45- 強 |
| 體深 | 整個身驅之容積大小，以腹長深且廣、胸底寬、胸深為體深夠深，反之則為淺。 | 淺 -5-25-45- 深 |
| 乳牛氣質 | 主要根據肋骨擴張開展，大腿與鬐甲含應有之肌肉無贅肉，皮膚富含細緻之皺紋為氣質強，反之則為弱。 | 弱 -5-25-45- 強 |
| 臀角度 | 以髖骨端為準，坐骨端與之相對位置，正常時髖骨端略高於坐骨端，兩者之連線與水平線呈 15°（度）之夾角者最理想，評分為 25 分。坐骨端與髖骨端呈水平者，評分為 15 分。 | 高 -5-25-45- 低 |
| 髖骨端寬 | 左右兩端之髖骨端之寬度應大，55 公分寬為平均，評分 25 分。 | 窄 -5-25-45- 寬 |
| 後腳彎曲度 | 後腳之前緣於飛節處呈一弧形彎曲，其曲度中等者評分為 25 分。 | 直 -5-25-45- 彎 |
| 前乳房銜接 | 與腹底部接合面積寬且緊為強，反之則弱。 | 弱 -5-25-45- 強 |
| 乳房分隔 | 自牛後視之乳房時左右分隔明顯，顯示分隔乳房之懸中韌帶強，反之則為弱。 | 弱 -5-25-45- 強 |
| 前乳頭排列 | 四個分房之乳頭排列位置略呈前寬後窄之梯形，前二乳頭距離略寬於後二乳頭之排列，則評分為 25 分。 | 寬 -5-25-45- 緊 |
| 乳頭長度 | 乳頭長度平均值為 6 公分。 | 短 -5-25-45- 長 |

表 5-3　功能性體型性狀評分結果範例

| 性狀 | 標準遺傳能力 | | 2　1　0　1　2 | | |
|---|---|---|---|---|---|
| 蛋白質 | 2.11H | 低 L | | 高 H | ★ |
| 乳脂 | 1.73H | 低 L | | 高 H | ★ |
| 體型總分 | 2.74H | 低 L | | 高 H | ★ |
| 乳房結構 | 1.96H | 低 L | | 高 H | ★ |
| 體高 | 1.01T | 矮 S | | 高 T | ★ |
| 體強 | 0.95S | 弱 W | | 強 S | ★ |
| 體深 | 0.61D | 淺 S | | 深 D | |
| 乳牛氣質 | 0.99O | 肋間窄 T | | 肋間寬 O | ★ |
| 臀角度 | 2.01H | ★高坐骨 H | | 低斜坐骨 S | |
| 髖骨端寬 | 2.44W | 窄 N | | 寬 W | ★ |
| 後腳彎曲度 | 0.61P | 直 P | | 彎 S | |
| 蹄角度 | 1.30S | 低 L | | 陡 S | ★ |
| 前乳房銜接 | 2.66S | 弱 L | | 強 S | ★ |
| 後乳房高度 | 1.93H | 低 L | | 高 H | ★ |
| 後乳房寬度 | 1.90W | 窄 N | | 寬 W | ★ |
| 乳房分隔 | 2.28W | 窄 N | | 寬 W | ★ |
| 乳房深度 | 2.12S | 深 D | | 淺 S | ★ |
| 前乳頭排列 | 0.81C | 寬 W | | 窄 C | |
| 乳頭長度 | 2.80L | 短 S | | 長 L | ★ |

01-96　女兒 206　記錄 231　牧場 147　每場有效女兒牛數 1.9

## （三）乳牛體型評鑑

臺灣之乳牛體型評鑑由畜產試驗所建立，其評鑑分數由腿與蹄、乳牛特徵、骨架／軀體容積與乳房 4 個評分項目組成。

評鑑各項目之配分如下，各評分項目越接近理想落點時分數越高，滿分爲100分。

| 項目 | 配分 |
|---|---|
| 腿與蹄 | 15 |
| 乳牛特徵 | 20 |
| 骨架／軀體容積 | 25 |
| 乳房 | 40 |

利用「臺灣乳牛體型評鑑表」（表 5-4）可依圖示說明進行體型評鑑之給分與計算。

表 5-4　臺灣乳牛體型評鑑表

| 母牛統一編號 | | 母牛場內號 | | | 出生日期 | | | 畜主 | | | |
|---|---|---|---|---|---|---|---|---|---|---|---|
| 腿與蹄（配分 15 分） | | | | 評分 | 得分 | 乳牛特徵（配分 20 分） | | | | 評分 | 得分 |
| 蹄角度（蹄趾尖角度） | | | | 4 | | 鬐甲部位 | | | | 12 | |
| 蹄跟深（蹄後跟） | | | | 2 | | 腿蹄骨質 | | | | 2 | |
| 後肢骨質 | | | | 2 | | 乳房靜脈 | | | | 3 | |
| 後肢側觀 | | | | 3 | | 體軀大小 | | | | 3 | |
| 後肢後觀（飛節部） | | | | 4 | | 乳牛特徵 4 項評分合計得分 | | | | | |

（續下頁）

| 腿與蹄 5 項評分合計得分 | | | | | | 乳房系統（配分 40 分） | | | | 評分 | 得分 |
|---|---|---|---|---|---|---|---|---|---|---|---|
| 骨架／體軀容積（配分 25 分） | | | | 評分 | 得分 | 乳房深度（乳房底部與飛節相對位置） | | | | | |
| 體高（臀部離地高） | | | | | | 乳房資質（乳房柔軟性） | | | | | |
| 相對高 | | | | | | 乳房中韌帶（左右乳房分隔深度） | | | | | |
| 體軀大小（牛體估計重量） | | | | | | 前乳房銜接（與腹壁銜接部位） | | | | | |
| 胸寬（胸底寬度） | | | | | | 前乳頭排列（前乳頭排列是否在乳區中央） | | | | | |
| 體軀深度（最後肋骨部分之深度） | | | | | | 前乳頭長度（乳頭平均長度） | | | | | |
| 腰部強度 | | | | | | 後乳房銜接高（乳房泌乳組織頂部至陰戶距離） | | | | | |
| 臀部角度（坐骨與腰角線） | | | | | | 後乳房銜接寬（乳房泌乳組織頂部寬度） | | | | | |
| 臀部寬度（兩坐骨間寬度） | | | | | | 後乳頭排列（乳頭排列是否在乳區中央） | | | | | |
| 骨架／體軀容積 8 項評分合計得分 | | | | | | 乳房系統 9 項評分合計得分 | | | | | |
| 評鑑員： | | 評鑑日期： 年 月 日 | | | | 26 項評分總得分： | | | | | |

資料來源：行政院農業委員會畜產試驗所遺傳育種組

## （四）荷蘭種乳牛鑑別

飼養乳牛最主要之目的，主要在生產大量且高品質之牛乳。爲達到此項目的，近代乳牛育種工作以選育高乳量乳牛爲主，逐漸增加高產乳牛之頭數，以滿足牛乳需求量。酪農及乳牛育種人員最重要之目標，應加強選育泌乳能力強且體態優異之種牛，因此乳牛性能檢定及體態鑑別工作非常重要。

乳牛之生產能力與體型基本條件有密切之關係，體軀大者能容納大量的粗料，乳房附著處良好，腿、腳都健全，乳頭位置及大小適中而易於機械榨乳操作等，均爲一般高產牛所應具備之性狀。另一方面，乳牛體態與產乳量兩者之間成正相關，在體態和產乳能力之間所達成一定之平衡關係，亦已被認爲是荷蘭牛育種登錄計畫成功之標識。利用荷蘭乳牛鑑別及乳牛審查標準記分卡，可協助初學者對荷蘭種乳牛正確之鑑別及評審。練習時可分別依表 5-5 與表 5-6 對乳母牛與種公牛進行鑑別練習。

表 5-5　乳母牛鑑別評分卡

| 觀察次序 | 觀察結果 | 配分 | 得分 |
|---|---|---|---|
| 1. 一般外貌（外觀優美，富雌性魅力，具活力，身體各部位對稱且調和，舉止穩健，氣質良好） | | **30** | |
| 品種特徵 | | | |
| (1)頭：長度中等，輪廓鮮明，鼻鏡寬闊，鼻孔開張，下顎強而明顯，眼大、明亮有神；額寬闊且稍呈碟形；鼻梁筆直；耳大小適中，形質良好，擺動機敏。 | | 10 | |
| (2)肩部：與身體結合緊湊而平整。 | | 10 | |
| (3)背部：背強直而長，棘狀突起明顯，腰部寬闊平坦近乎水平。 | | | |
| (4)臀部：長而寬，自腰角至坐骨端近水平，輪廓明顯，髖骨高且寬闊，尾根與背線呈水平；尾長而漸細，尾毛適襯而豐滿。 | | | |
| (5)腿和腳：骨強直，繫部短而強，飛節鮮明形狀佳；蹄短而具有良好的宛形，蹄跟深厚，蹄底平；前肢中等長度，肢勢寬正而開立；後肢由飛節至繫部近乎垂直，由後面觀察則肢間廣而直。 | | 10 | |
| 2. 乳牛特徵（可顯示具有泌乳能力，體成楔形，適度開張，體格強健而精緻） | | **20** | |
| (1)頸部：長而薄，與肩及胸部銜接平滑，咽頭、胸垂輪廓明顯。 | | | |
| (2)鬐甲：明顯，肋骨間寬闊。 | | | |
| (3)脅部：深又細緻。 | | | |
| (4)大腿：外側平整而充實，由後面觀察，股間距離寬闊，略向內側彎，足供乳房附著處有足夠的發育空間。 | | | |
| (5)皮膚：薄，富彈性而柔軟。 | | | |
| 3. 體軀容積（體軀要大，體質強健富活力） | | **20** | |
| (1)胴體：深強，肋骨開張，穹出良好，腹向後伸張使胴體更顯得深寬。 | | 10 | |
| (2)胸圍：大，前肋深長開張，前肢間胸底廣平，肩後充實，近肘處豐滿。 | | 10 | |
| 4. 泌乳系統（乳房資質良好，容積大，附著良好，表示多產及利用期間長） | | **30** | |
| (1)乳房：乳房長而廣，深度適中，前後勻稱左右對稱，質地柔軟富彈性，榨乳後收縮良好。 | | 10 | |
| (2)前乳區：長度中等，向前開張，附著良好。 | | 6 | |
| (3)後乳區：附著高而寬且強，乳房上下均勻一致。 | | 7 | |
| (4)乳頭：大小長度適中呈圓筒形，四乳頭分開呈方形排列向下直垂。 | | 5 | |
| (5)乳靜脈：粗長，明顯，曲折且分枝多，乳井大而多。 | | 2 | |
| | 滿分 100 | 總分 | |

表 5-6　乳用種公牛鑑別評分卡

| 審查次序 | 觀察結果 | 配分 | 得分 |
|---|---|---|---|
| 1. 一般外貌（公牛個體具雄性魅力，活力佳，體軀伸展，品位高，身體各部位很調和，形態和舉止給人的印象很深刻。各部位都要依乳公牛的一般外貌評審） |  | **45** |  |
| 品種特徵 |  |  |  |
| (1)頭：輪廓明顯，與身體的比例恰當，鼻鏡寬闊，鼻孔張開，下顎強壯，眼大、明亮有神；額寬闊且稍呈碟狀；鼻梁筆直；耳大小適中，擺動機敏。 |  | 15 |  |
| (2)肩部：與身體結合緊湊而且平整。 |  | 15 |  |
| (3)背部：強而直，腰部寬闊平坦近乎水平。 |  |  |  |
| (4)臀部：長而寬，從腰角至坐骨端近水平，輪廓明顯，髖骨高且寬闊，尾根與背線成水平，尾長而漸細，尾毛適襯而豐滿。 |  |  |  |
| (5)腿和腳：骨平整又強壯，繫部短強，飛節形狀良好，蹄短質好、緊湊，蹄底平，蹄跟深；前肢中等長度，肢勢寬正而開立；後肢由側面看，飛節到繫部近乎垂直，由後面看則強壯。 |  | 15 |  |
| 2. 乳牛特徵（體成楔形，適度開張，體格強壯，體質精緻） |  | **30** |  |
| (1)頸部：長、突出，與肩部銜接平滑，喉部、肉垂、胸前之輪廓顯明。 |  | 30 |  |
| (2)鬐甲：顯著。 |  |  |  |
| (3)肋骨：肋骨間寬闊，肋骨扁平而長。 |  |  |  |
| (4)脅部：深又細緻。 |  |  |  |
| (5)大腿：扁平內彎，由後面看則開立。 |  |  |  |
| (6)皮膚：柔軟富於彈性。 |  |  |  |
| 3. 體軀容積（要比一般家畜體軀來得大些，具有廣大的容量，強壯而有活力） |  | **25** |  |
| (1)胴體：強有力地支撐著，深且長，肋骨穹出高且廣，腹向後伸張使胴體顯得深廣。 |  | 12 |  |
| (2)胸圍：大且深，前肋深長，充分展開，肩後豐滿，肘部豐滿，胸底寬。 |  | 13 |  |
|  | 滿分 100 | 總分 |  |

# 討論與問題

1. 為何乳牛胸圍大且肋骨開張，對於未來產乳有正面幫助？
2. 試討論乳頭排列對於擠乳操作會有何影響。

# 實習六

## 乳公牛精液採集檢查與母牛人工授精

# 實習目的

練習乳公牛精液採集與精液處理方法，並練習人工授精之步驟與注意事項。

# 原理與背景

人工授精係以人爲的方法，自公畜採取精液，經過檢驗稀釋處理後，注入母畜生殖道內，以達到與自然交配同樣繁殖目的之一種方法，也就是以人爲的方法藉著器材將雄性的生殖細胞（精子）注入雌畜生殖道，使與雌性的生殖細胞（卵子）結合成合子而懷孕的一種技術。乳牛人工授精技術之應用和受胎率之高低，取決於精液之品質、精液冷凍保存技術、母牛之健康狀況及母牛之配種適時。乳牛利用人工授精，有下列之好處：

(1) 精液來源的種公牛，經過嚴格的選拔，因此對於後代的遺傳改良效果佳。
(2) 可以避免因自然交配而引起的性病感染風險。
(3) 可取得完整的配種紀錄，有益於牧場之管理。
(4) 酪農可視本身條件選擇公牛精液，因此其經濟效益最大。
(5) 可以免除飼養公牛之危險性。

# 實習材料與器具

1. 人工陰道、精液收集管、潤滑劑、溫水、配種架。
2. 恆溫水槽、酸鹼試紙或酸鹼測定器（pH Meter）、顯微鏡、玻片加溫器、精子活力檢查玻片、血球計數板、蓋玻片、玻棒、生理鹽水（0.9 g NaCl 溶於 100 mL 蒸餾水中）、2.9% 檸檬酸鈉溶液（2.9 g $Na_3C_6H_5O_7 \cdot 2H_2O$ 溶於 100 mL 蒸餾水中）。

3. 精液稀釋劑與消毒器材。
4. 冷凍精液、保溫器、紙巾、精液注入管、塑膠長手套。

# 實習步驟與方法

## （一）乳公牛精液採集

目前最方便、最衛生的方法是利用人工陰道來收集精液，效果良好。

### 1. 人工陰道的準備

(1) 依公牛陰莖發育情形，選擇人工陰道的尺寸，一般原則如下：
  1 歲齡公牛，外橡皮筒長 30-35 公分，直徑 5.1-5.7 公分。成年公牛，外橡皮筒長 35-45 公分，直徑 6.4 公分。
(2) 人工陰道之各部分需確定已經過消毒，且已乾燥。
(3) 組合人工陰道的各部分，如圖 6-1 所示。
(4) 在套筒內裝入 45℃溫水；而在採精過程中，約 5 分鐘即予更換添加，以使其內部溫度在公牛射精時能保持 40℃。
(5) 用玻棒在閉口前端 10-15 公分處塗抹薄薄一層潤滑劑。

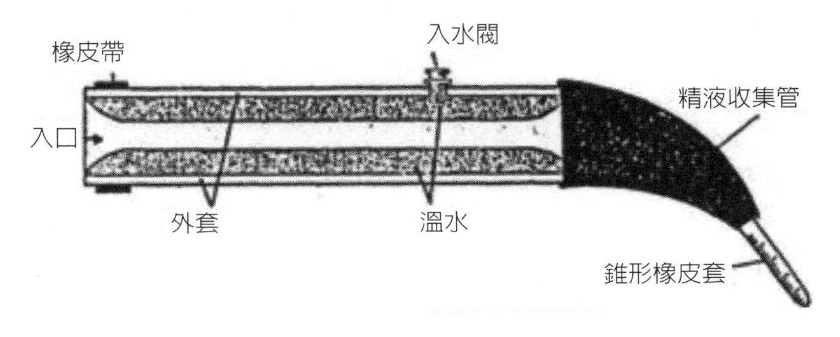


圖 6-1　人工陰道之構造

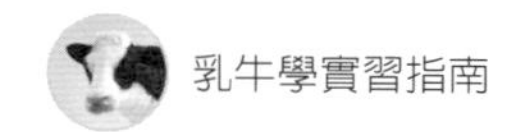

(6) 在精液收集管外之水浴器護套內裝入 38℃的溫水，以減少精子因溫度過低而休克的情形。

## 2. 採集公牛精液

(1) 將公牛牽至可提供足夠地面摩擦力之採精室或運動場，不可在平滑水泥地面的牛舍內進行精液採集，以免公牛滑倒跌傷。

(2) 清洗、消毒公牛腹下的鞘部，待乾後再進行精液採集。公牛生殖器官之構造顯示於圖 6-2。

(3) 牽引其他公牛或閹公牛或母牛至採精室，以激起公牛的性慾。

(4) 當公牛駕乘試情牛時，採精者站在牛隻右側，右手持人工陰道採 45° 之傾斜，左手則將公牛陰莖小心地導入人工陰道中（圖 6-3）。

(5) 待公牛射精後，將人工陰道閉口朝上拿直，使精液流入收集管中；此時不可擠壓人工陰道之橡皮內襯，以免滲入潤滑劑等雜質而汙染精液。

(6) 精液收集管立即貼上標籤，記載日期及公牛代號。

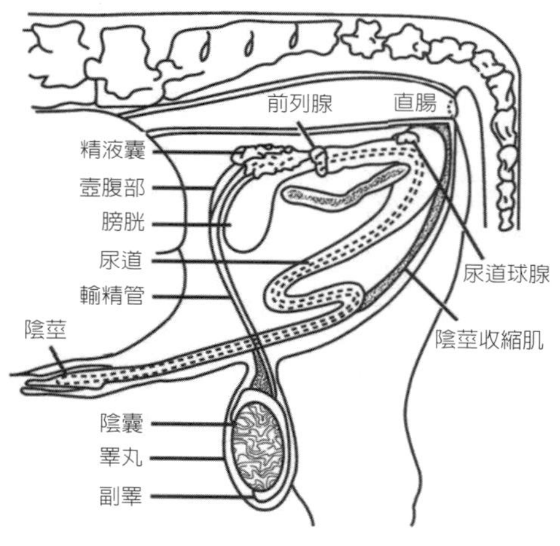


圖 6-2　公牛生殖器官之構造

圖 6-3　利用試情牛進行公牛採精

## 3. 人工陰道的清洗與消毒

(1) 將各部分拆下，先以冷水沖洗。

(2) 在溫肥皀水中洗滌浸泡，玻璃器具可用軟毛刷清洗後再以自來水沖洗。

(3) 器具消毒：

a. 玻璃器具放入烘箱，以 170℃進行乾熱殺菌 1 小時，或以 120℃保持 20 分鐘進行溼熱殺菌。亦可直接投入水中煮沸 10 分鐘。

b. 橡皮器具則浸於沸水中 15 分鐘，再浸於 70% 酒精 5 分鐘。

(4) 待各部分都乾燥後，橡皮器具以乾淨之紙巾包好，精液收集管則用矽膠塞或棉花塞好，以保持清潔備用。

## （二）精液性狀檢查

精液採集後，應保持於 38℃的恆溫水槽中，並立即檢查，爭取時效。

### 1. 肉眼檢查

(1) 精液量：正常範圍 2-15 mL。若精液量過多，可能生殖器官有毛病，滲入異常分泌物，或混入尿液，不可使用。

(2) 外觀：應爲白色或乳白色，有時因含維生素 $B_2$ 而使精液略帶黃色，亦屬正常。若帶有其他顏色，即爲異常精液，不可使用。

(3) 黏度：黏稠度與精子濃度成正比，精液稀薄時表示精子濃度低。太稀薄者使用後受胎率很低，不合經濟效益。

(4) pH 値：利用酸鹼試紙或酸鹼測定器（pH Meter）來判定，正常 pH 値範圍在 6.4-6.8 屬弱酸性。當酸度增加，表示精子代謝產物積聚，精液已不新鮮，精子活力亦會較差。

### 2. 顯微鏡檢查

(1) 精子活力與生存率估計

a. 準備已清潔、消毒過之活力檢查玻片（圖 6-4）、載玻片與玻棒。

b. 玻片放在加溫器上，保持 38℃。

c. 滴 1 滴 38℃的生理鹽水或檸檬酸鈉溶液至已預溫的玻片上（若精液已經稀

釋 1：25 或以上時可省略此步驟）。

d. 將精液樣品輕輕轉動 2-3 次，使分布均匀，再取玻棒沾取 1 滴精液置於破片上，與其上之生理鹽水或檸檬酸鈉溶液混合均匀。

e. 將玻片加上蓋玻片。

f. 玻片連加溫器放至顯微鏡載物臺上，以 10X 之接目鏡及 10X 之接物鏡觀察。估計活潑且能進行前進直線運動的精子數，需占 70% 以上，受精率才能達理想目標。依照觀察結果估計畸形或死亡的精子數，通常要求不可超過 20%（圖 6-5）。

圖 6-4　精子活力檢查玻片

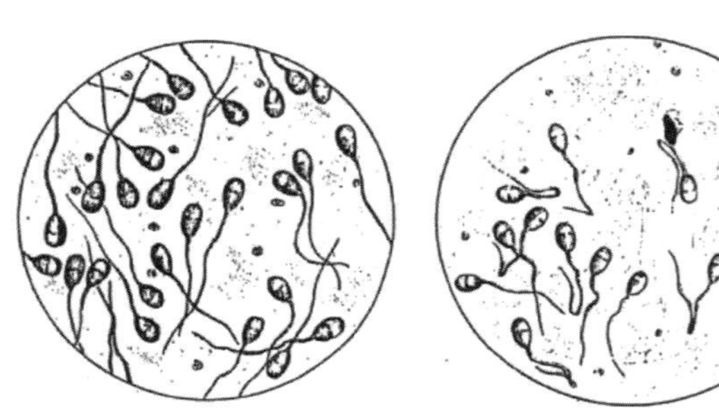

圖6-5　精液性狀（左：優良精液；右：劣質精液）

(2) 精子濃度計算

a. 準備清潔的血球計數板，如圖 6-6(a) 所示。

b. 以清潔之吸管吸取精液樣品至血球計數板，加上蓋玻片。

c. 血球計數板移至顯微鏡載物臺上，以 10X 之接目鏡及 10X 之接物鏡觀察，計算 5 個中方格內之精子總數，如圖 6-6(b) 所示。爲了保證計數的準確性，避免重複計數和漏記，在計數時，對沉降在格線上的精子統計需有統一的規定。精子位於大方格的雙線上，計數時，數上線時則不數下線，數左線時則不數右線，以減少誤差，如圖 6-6(c)。即位於本格上線和左線上的細胞計入本格，本格的下線和右線上的細胞不計入本格之計數值。

d. 計算精子濃度（參考圖 6-7 取樣計算）

計數區分 25 個中方格，每個中方格又分 16 個小方格，共計有 400 個小方格。計數區邊長爲 1 mm，面積爲 1 $mm^2$，每個小方格的面積爲 1/400 $mm^2$。

蓋上蓋玻片後，計數區的高度為 0.1 mm，所以每個計數區的體積為 0.1 $mm^3$，每個小方格的體積為 1/4000 $mm^3$。

在下圖中的區域（25 個中格選 5 個區域）進行計數。每個中格中會有 16 小格，取 8 格計數後將數值乘以 2，作為一個小格的計算值。此時共會計數到 80 個方格中的精子數。

精子濃度（個 /mL）=（80 小格中之精子數目 /80）$\times 400 \times 10^4 \times$ 稀釋倍數

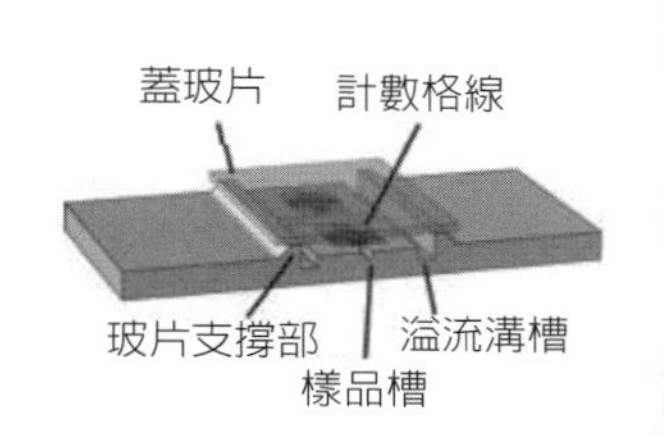

(a) 血球計數板構造

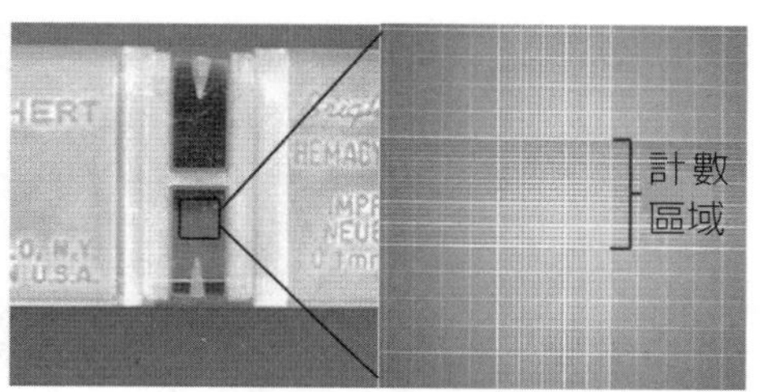

(b) 計數板方格與計數區

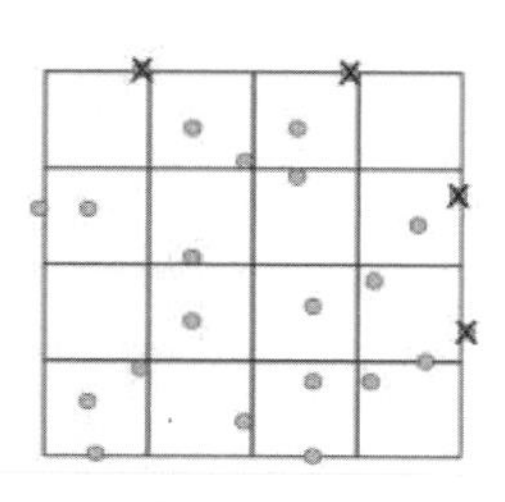
(c) 計算採計基準

圖 6-6　血球計數板與計數

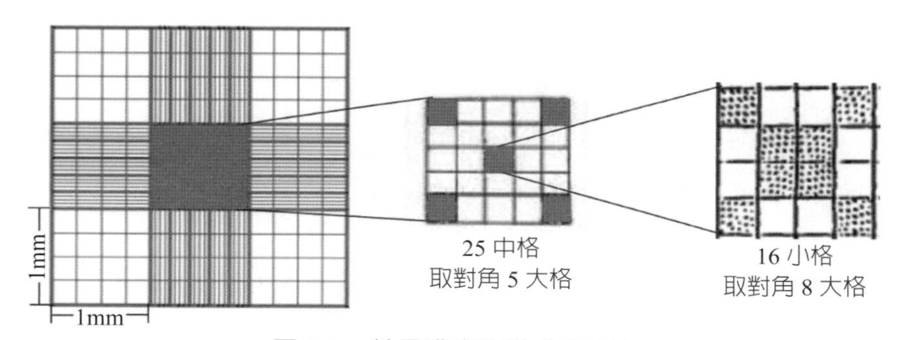

圖 6-7　精子濃度取樣計數方法

# （三）母牛發情觀察與配種適期

## 1. 母牛發情徵候

觀察發情最少需於每日早晨與傍晚各觀察 2 次，觀察時母牛最好放到運動場以利確認其行為。具有發情偵測設備（如計步器等）的牧場，可以配合偵測結果與現場觀察，得到更佳的發情時機掌握效果。

母牛在發情期間，有不同的發情現象，可分爲：發情前期、穩定發情期及發情末期等 3 階段 。

(1) 發情前期：大約持續 6-10 小時。發情母牛會開始嗅其他母牛，並且欲駕乘他牛，外陰部溼潤，潮紅，略爲腫脹。

(2) 穩定發情期：平均約爲 16 小時。在此階段，母牛願意被駕乘，常咆叫，神經質，亦會駕乘他牛，不採食，且乳量下降，外陰溼潤潮紅，有黏液排出，眼瞳孔亦較散大。

(3) 發情末期：約持續 10 小時。此時期母牛已不再被駕乘或駕乘他牛，外陰部有黏液會排出。

## 2. 配種適期判定（圖 6-8）

(1) 排卵即在發情終止後平均 10 小時發生。卵子之生命力亦約只有 6-10 小時。

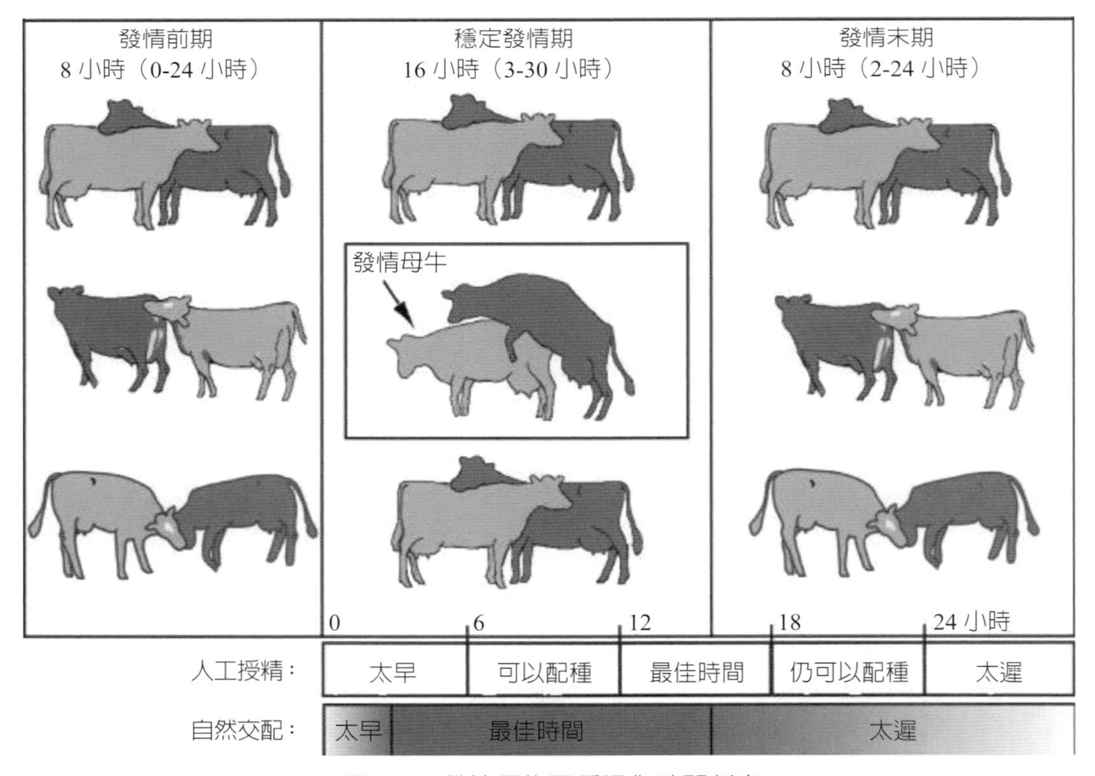


圖 6-8　發情母牛配種操作時間判定

精子雖可存活 24 小時，但是在精子或卵子老化以後，受精能力減低。因此，要有好的受精結果，必須有好的精子與好的卵子相結合。如何選擇最佳的人工授精時間，極爲重要。

(2) 授精適期，選擇在穩定發情期之末期，才能獲得最好的受胎率。一般規則，是以早上看到發情，在當天傍晚配種，而在晚上看到發情時，則於次日上午前配種。但實際進行工作時仍應以觀察發情期中，母牛之穩定駕乘爲指標。

(3) 爲了發情觀察之方便，可利用一些輔助材料，如發情蠟筆或發情貼布來預估母牛發情的時間。在現場可採用發情週期圓盤表（圖 6-9），來協助估算母牛之預定發情日。

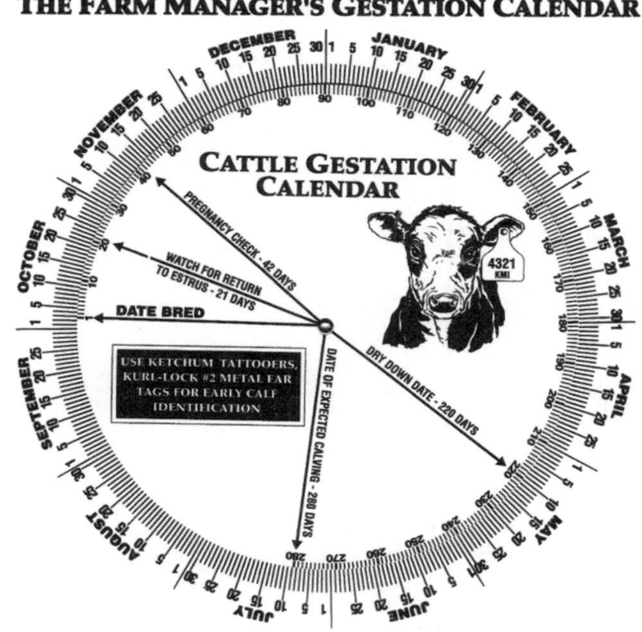


圖 6-9　發情週期圓盤表

## （四）人工授精之進行

### 1. 精液操作方法

精液保存桶操作注意事項：

(1) 冷凍精液離開液氮面後，溫度立即上升，越近桶口頂部，溫度越高。
(2) 勿將精液小桶提至大桶口以上，應保持在冷凍線以下部位，即自桶口向下約 10 公分處，此處之溫度約 −100℃。
(3) 精液小桶提起至冷凍線部位之後，必須在 7 秒內放回大桶內，以免因溫度上升而精液受損。
(4) 須先準備好精液夾、精液剪及手套。

## 2. 精液解凍方法

(1) 冷凍精液解凍時（0.5 mL 之微管型精液操作下），應以 35-37℃解凍 30 秒最佳。不能用空氣自然解凍法、口袋解凍法、牛體解凍法或手掌解凍法解凍精液，以免降低受胎率。
(2) 精液解凍後，在顯微鏡下檢查，前進精子之百分率至少應爲 30% 以上。若爲 50% 以上則爲特優之冷凍精液。在高倍顯微鏡下，正常精子應保有完整之頭帽。
(3) 精液解凍法對頭帽之完整性影響很大。

## 3. 精液注入步驟

精液注入之正確位置，應在通過子宮頸口之內緣與子宮體之交會處。勿進行深部注入子宮角，以免不愼傷及子宮內膜，影響受胎。人工授精之步驟分述如下（參考圖 6-10）：

(1) 人工授精之過程須戴上拋棄式塑膠手套，以免疾病傳染。
(2) 母牛之外陰部清理乾淨，過髒時用水先清洗，予以擦乾，或用紙巾擦拭乾淨。
(3) 以精液專用之圓形剪，剪開經解凍之精液管末端，將精液裝入注入器內（圖 6-11）。
(4) 注入器約以 30-45° 之角度向上插入，隨後調整水平位置。配合另一隻手在直腸內的感覺動作，將注入器送達子宮頸之前端開口處。

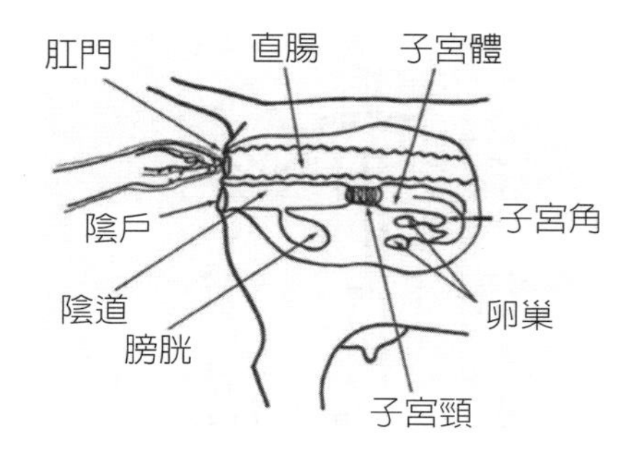


選擇需觸診的牛隻後，未戴手套之手將牛尾巴舉起，戴手套之手以錐狀手勢推擠入肛門，伸入直腸內至手肘彎曲處的深度，將糞便掏出。

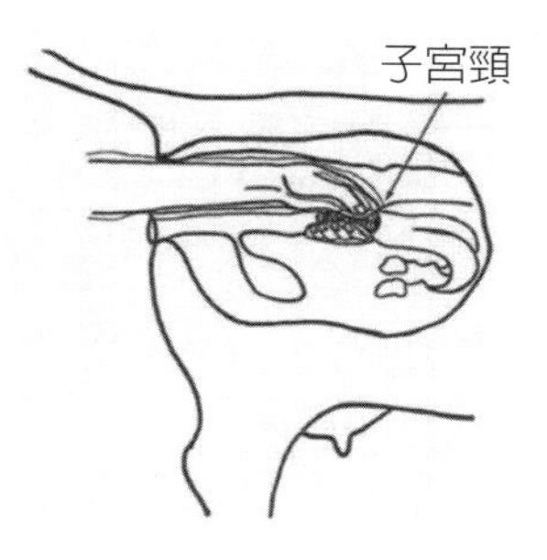


手繼續沿著直腸下緣找到子宮體與子宮角交界之 Y 型分叉處，若因子宮收縮及直腸蠕動，造成手無法再深入，可緩緩將手回縮找尋子宮頸部位，子宮頸位於骨盤下壁，接近恥骨前緣，略偏右側之堅實組織。

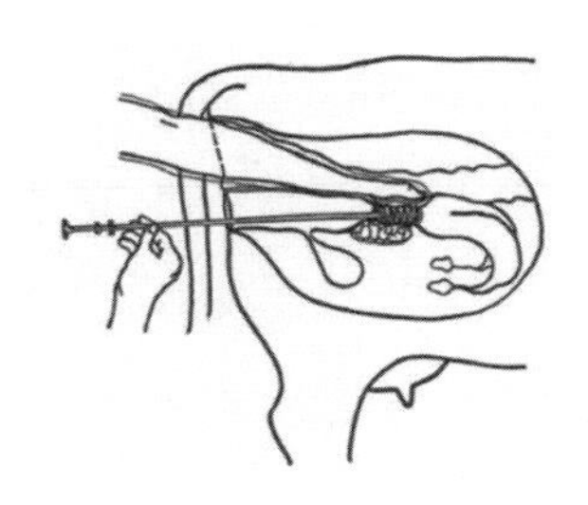

校正直腸內手部控制子宮頸口之位置，配合注入器進入子宮頸開口，正確使用直腸固定法在直腸內以手部配合動作，引導注入器進入，注入器到達前述之正確位置時，再將精液注入。

圖 6-10　人工授精之操作步驟

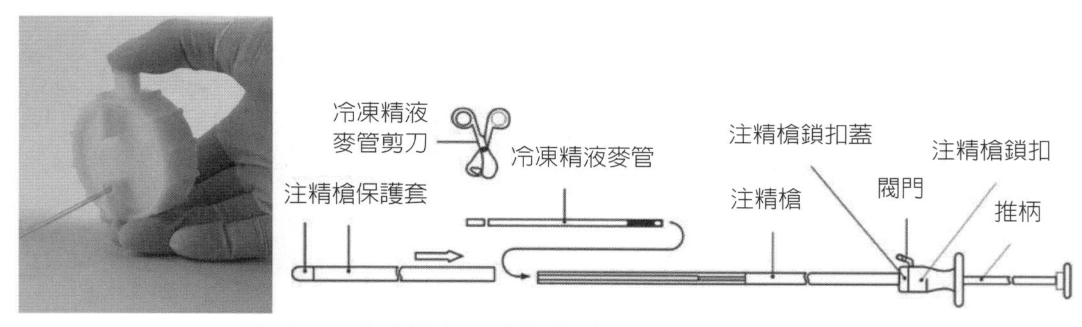


圖 6-11　冷凍精液圓形剪（左）與注精槍（右）構造

(5) 校正直腸內手部控制子宮頸口之位置，配合注入器進入子宮頸開口。切忌將注入器上下左右戳動，尋找開口。正確使用直腸固定法，在直腸內以手部配合動作，引導注入器進入。

(6) 子宮頸內有 2-4 個環狀皺壁，當注入器通過每一個皺壁時，可以感覺出來。在發情期之母牛，其子宮頸分泌黏液，注入器很容易通過。如果遇到阻礙時，須有耐心，小心動作。若遇有牛隻拱背、排糞或直腸成爲空腔不易固定時，可稍候再進行。

(7) 注入器到達前述之正確位置時，再將精液注入。注入精液之速度不可過快，約 3-7 秒爲宜。注入後可略爲按摩外陰部，促使子宮與陰道收縮，減少精液外流機會，可提高受胎率。

(8) 操作結束後，將手套倒捲，包入注入塑膠管，打結後丟入垃圾桶處理。

# 討論與問題

1. 某次採集公牛精液共得 6 mL 精液，精子濃度爲 $1.5 \times 10^9$ 個 /mL，活性精子比例爲 70%。若要稀釋成 $2 \times 10^7$ 個 /mL 的稀釋精液，應該加入多少稀釋液？而如此稀釋後的精液是否仍適合做成冷凍精液保存？
2. 請討論人工授精的優點及其被廣泛利用之原因。
3. 觀察母牛發情以判定最佳配種時間，需注意的事項有哪些？

# 實習七

## 犢牛生產與管理

# 實習目標

1. 了解母牛分娩過程中，應有的基本常識與準備工作。
2. 認識犢牛出生後正確的照護管理方法。

# 原理與背景

犢牛係指母牛自分娩後至約 6 月齡的牛隻，其飼養管理的目的是為了育成健康的女牛，希望能提高育成率並在未來可在較早的年齡中生產小牛。仔牛的育成率，關係了整個牛場牛群的更新，候補牛群之建立須依靠犢牛的育成來替代。犢牛飼養與女牛的選拔、替代之計畫，將是未來母牛乳產量持續成長及酪農經營成功的重要因素。

產犢時對母牛的正確管理對於維持泌乳期動物的健康和生產力很重要。正確處理新生小牛對於其未來的生長、生產及生存有很大的助益。仔牛出生後會有數個高風險時期，要降低育成期間的損失，建立標準流程與相對容易的飼養管理措施是必要的工作。

# 實習材料與器具

## （一）母牛分娩與初生處理

1. 長塑膠手套、潤滑劑、消毒水與助產器具。
2. 滅菌剪刀與碘酒。
3. 初乳收集設備與奶瓶。

## （二）犢牛管理與犢公牛去勢

1. 套繩、粗麻繩、鼻夾、後肢固定器。
2. 絕緣容器、耳標、耳標鉗、液態氮、烙印銅號、耳號剪、75% 酒精、優碘。
3. 彎剪刀、電熱去角器、線鋸、凡士林、苛性鹼軟膏。
4. 鼻圈、鼻圈鉗。
5. 止血鉗、剪刀、抗生素軟膏。
6. 去勢鉗、強力橡皮筋及開張鉗、解剖刀、針頭注射筒、長針頭注射筒、消毒液、消炎粉或抗生素、麻醉劑。

# 實習步驟與方法

## （一）母牛分娩準備

### 1. 隔離

(1) 在接近預產期檢查骨盆腔韌帶是否鬆弛，如有鬆弛現象（尾根部兩側凹陷，尾巴上翹），及其他即將分娩之徵兆。在母牛預產期前 2-3 日，應先將母牛自牛群中隔離出來，單獨地置入待產舍。舍內需先打掃、消毒，並於地面鋪上一層厚厚的細砂，再覆蓋一層墊草，以防止母牛因陣痛、打滑而造成骨盤、股骨、關節之骨折與脫臼，進而導致膝膕神經、閉鎖神經的永久麻痹，而遭淘汰。

(2) 修剪體毛：修剪母牛乳房與後軀腹下之體毛。

(3) 觀察：母牛在產前 1 日，會有外陰腫大、尾根和恥骨尖周圍之肌肉鬆弛等現象，此時應將母牛後軀和外陰部以消毒劑清洗乾淨。

## 2. 分娩

母牛之自然分娩分爲前期、第二期和終期。通常在胎位正常時，大多數均能順利地自然分娩；若過早助產或不當助產，而干擾自然分娩過程，則往往會導致難產，甚至造成母牛和胎犢的死亡。爲免意外發生，一般是在第二期陣痛過後，經產牛約 2 小時、初產牛約 4 小時之時，進行仔牛胎位檢查，以決定是否需要助產。

## 3. 胎位檢查

(1) 檢查人員以溫水、肥皂和消毒水洗淨整隻手臂（上身可赤膊，方便操作），以免汙染母牛生殖道而引起敗血病死亡，另一方面兼具潤滑作用。
(2) 刷洗母牛之陰戶周圍。
(3) 小心地將手緩緩地伸入母牛陰道中，切勿傷及胎膜。
(4) 若手臂已投入至肩膀處，卻仍未摸到胎犢的頭和兩隻前腳，即表示胎位不正或子宮扭轉，此時應盡快請獸醫來處理。
(5) 若檢查結果顯示胎位正常，即讓母牛自然分娩，約等待 8-12 小時，就會順利產下犢牛。
(6) 手臂在母牛子宮內，切勿停留 15 分鐘以上，以免造成創傷性發炎，導致日後不孕。

## 4. 助產

若母牛在正常分娩時間內未產下犢牛（即早上檢查後至黃昏未產下，或晚上檢查後至次日早晨尚未產下），則須請獸醫前來，依胎犢大小、子宮頸、陰道和陰戶之鬆弛情形，決定是否需要助產。只在絕對必要時才進行助產，助產時需維持衛生乾淨並動作熟練，助產步驟如下：

(1) 需準備助產長袖套、一桶助產人員專用含消毒劑的溫水、一桶胎牛用的冷水、母牛用的轠繩和大量潤滑劑。完成助產準備後，助產繩應浸泡在消毒水中備用。
(2) 先將母牛保定。以消毒劑清洗助產人員雙臂和母牛的臀部，並確保已受髒汙的消毒劑不回流到桶內。使用大量的潤滑劑，將牛尾綁在轡繩上。

(3) 利用適當的助產器誘導分娩，並檢查胎牛是否已準備出生。由母牛骨盆入口感覺胎牛各部位。大多數準備好產犢的母牛會自行躺下。

(4) 胎牛能否產下，需評估胎牛是否能通過骨盆腔。若空間太小，應請獸醫師處理。

a. 胎牛正常體位：在骨盆入口處，感覺胎牛的頭部位置與相對於骨盆入口肩膀所在之處（圖 7-1 左）。確認仔牛的肩膀是否在骨盆入口前或在入口外，肩膀離骨盆入口有多遠。

助產人員應該要能確認其手部能越過胎牛的頭部，從骨盆入口至仔牛雙肩的距離上，當母牛站立時應該小於 10 公分，當母牛躺臥時應該小於 5 公分。

b. 胎牛的體位錯誤（後位朝前）：嘗試將胎牛的後軀向左或右轉 30°（度）。透過適當的牽引，胎牛的蹄底應可調整到與母牛外陰相同高度（圖 7-1 右與圖 7-2）。女牛初次分娩時，需給予充分時間等待產道擴張。實際狀況可諮詢牧場獸醫師相關的處理方式。

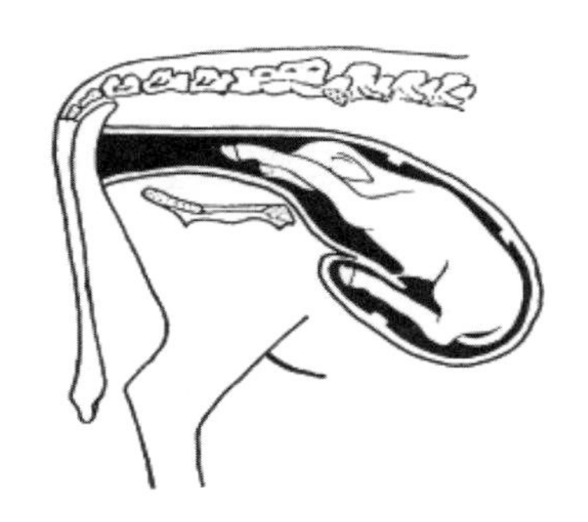
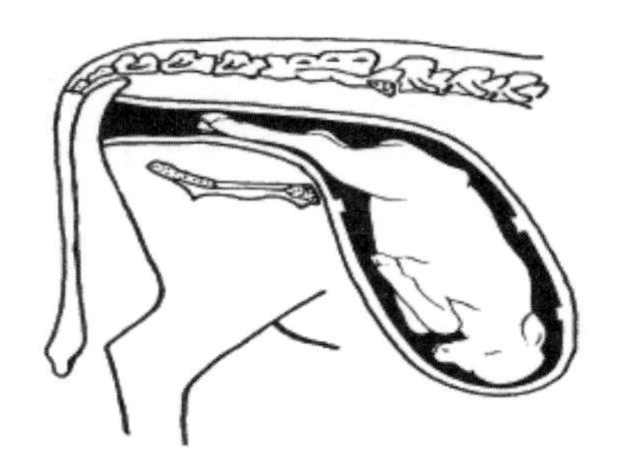

圖 7-1　母牛分娩時犢牛正常體位（左）與異常體位（右）

(5) 母牛側躺時的骨盆入口較寬，且更能使力推擠以產出胎牛。可利用一條拉繩縛在母牛前肢後方和乳房前方的腹部位置，來協助母牛躺下。這需要花些時間完成。當母牛推擠產道時拉動繩子，停下來時即暫停讓胎牛休息。

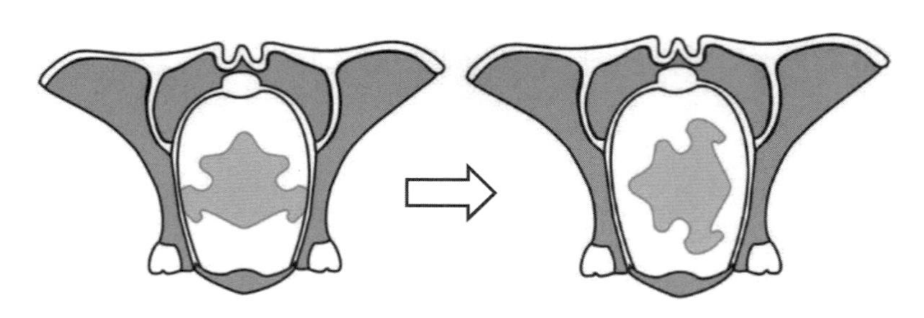

圖 7-2 利用轉動胎牛角度來配合骨盆開口寬度以利分娩進行

(6) 仔牛出生後，應觸摸是否還有其他胎牛，並檢查產道是否受傷。如果陰道顏色呈暗藍色或有撕裂傷，應用冷水沖洗 10 分鐘加以冷卻。諮詢獸醫師適用於牠們的治療計畫。

## 5. 胎衣處理

(1) 正常情況：犢牛產下後約 1-2 小時內，母牛即會排出胎衣，可加以掩埋或燒毀。

(2) 胎衣滯留

a. 原因可能爲母牛感染到傳染性流產病、流產弧菌、敗血症、毒血症，或鈣缺乏、鎂缺乏，或是分娩時遭到不當助產、過早助產之干擾，或因胎犢太大、雙胞胎而造成分娩後疲乏，皆會導致胎衣滯留。

b. 處理方法：

i. 剪去垂在體外之胎衣，再以熱水洗淨後肢與後軀，並加以消毒。

ii. 肌肉注射 5-100 mg 之 Stilbestrol，並酌量給予抗生素。

iii. 若母畜失去食慾或乳汁減少，需請獸醫來診治。

iv. 倘若牧場中之胎牛群經常發生胎衣滯留，則需請教獸醫，找出可能之原因，並予以改善。

## 6. 子宮脫垂

偶爾會有母牛產後在陰戶外突出一團紅色物體，上面有一個個的子宮阜，這就是子宮脫垂。此時先將其他牛隻趕開，以免遭到踐踏，再以乾淨之毛毯覆蓋在子宮上，等待獸醫來診治。

## （二）新生犢牛之處理

### 1. 新生仔牛欄準備

(1) 在將仔牛送進牛欄（圖 7-3）之前，請確保已澈底清洗並乾燥牛欄。確保空間至少已清空 2-3 天，再放入仔牛。仔牛欄地面可鋪上 5-8 公分厚的木屑，並可準備切碎的稻草提供仔牛躺臥。如使用可移動式仔牛欄時，將準備好的仔牛欄放在牛舍前面準備使用。

(2) 墊料

a. 墊料應每週至少置換 2 次。在潮溼或寒冷的天氣中，可能需要更高的更換頻率。

b. 將仔牛放在墊料上時，應檢查牠們的尾巴和尾部、頭部清潔度，清除這些區域中多餘的糞便。

(3) 從仔牛欄移出仔牛後，需仔細清洗牛欄然後晾乾，並清除所有已使用之墊料。

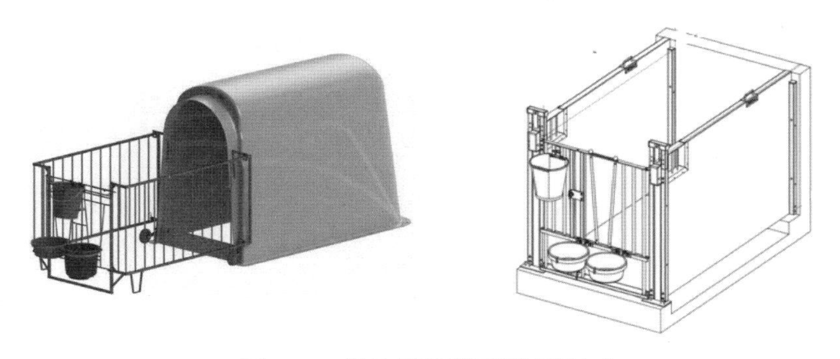

圖 7-3　仔牛欄設置與常用形式

### 2. 出生後之立即照護

(1) 清除黏膜：犢牛出生後，母牛會自然地以舌頭舔乾犢牛的身體，此有助於犢牛的血液循環和呼吸。若母牛不舔犢牛，則需人工清除犢牛鼻孔中的黏液、黏膜，或由一人倒提犢牛後腳，另一人由犢牛胸部向口按摩，迫使呼吸道中黏液流出，並且用乾草或潔淨的粗布擦乾犢牛身體。

(2) 臍帶消毒：犢牛之臍帶需留5公分左右，斷裂處以7%之碘酒消毒，以免感染。

(3) 人工協助呼吸：有些犢牛出生後，未能立即行呼吸反射而自行呼吸，此時臍帶已斷，但仍有心跳，只要能成功地引入一口氣至肺內，就可挽回犢牛的生命。以下介紹 4 種刺激呼吸法：

a. 鼻刺激法：以一根稍硬之乾草，穿入犢牛鼻腔內，上下左右攪拌約 5-6 秒。

b. 對喉刺激法：打開犢牛口腔，將舌頭拉向外下方，對喉部吹氣約 1 分鐘，以刺激其肺部。

c. 人工呼吸法：將犢牛兩前肢拉向前，頭靠在前肢上，使胸部著地，以雙掌壓其胸腔後方、橫膈前方之處，規律地施壓，同時由另一人每隔 20 秒對犢牛口腔吹氣。

d. 冷水刺激法：將犢牛後肢倒提，朝其頭、胸部猛潑一桶冷水。

(4) 仔牛吸乳：通常犢牛於出生後半小時內即可站立，1 小時內會自行吸乳。所以在母牛生產後，應立即用消毒水清洗乳頭和乳房，以利犢牛吸乳。由於初乳中含有大量的抗體、維生素 A 和胡蘿蔔素，因此犢牛在出生後越早吸食初乳越佳，需要在出生後 4-6 小時內餵食體重 6% 以上的初乳才能提高存活率。一般要求在出生後 12 小時內，能吃到犢牛體重 15% 的初乳。

(5) 人工餵飼初乳：若犢牛不會自行吸乳，則採人工誘導餵飼。將初乳擠出後，置入附有橡膠乳頭的乳桶中，先以手掌掬取少許初乳，伸入犢牛口中，讓犢牛舔食，激起其食慾，再以橡膠乳頭來哺乳。若初乳太多吃不完，則可將剩餘部分冷凍貯存，以待有新生犢牛時再加以餵飼，或與代用乳混合，餵予其他犢牛。每次餵完犢牛後，乳桶需洗淨晒乾。

## 3. 犢牛餵飼

(1) 初乳品質檢測

可藉由初乳液體比重計（圖 7-4），即 Colostrometer®（初乳檢測計）進行，由檢測初乳比重，估計初乳中的免疫球蛋白含量，初乳爲室溫時測定最準確。產後第一次榨乳的初乳中，免疫球蛋白（Ig）應達到 5-6%（即 50-60 mg/mL）以上。

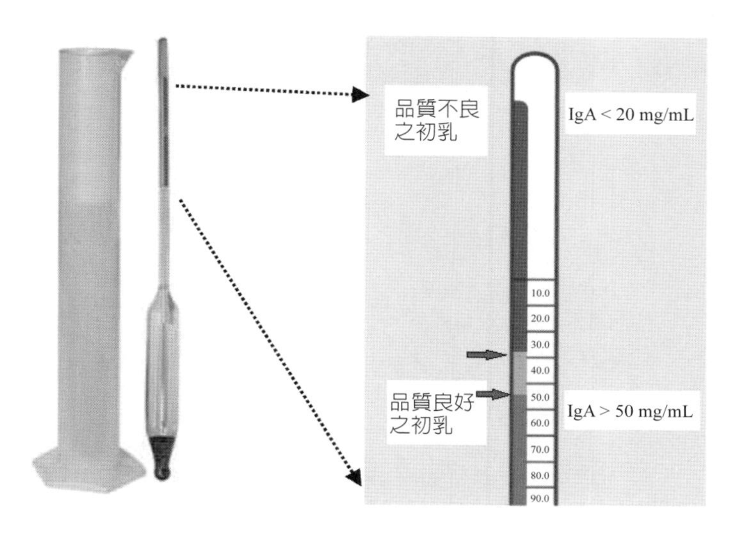


圖 7-4　初乳液體比重計

(2) 餵飼時日常操作注意事項：

a. 每天在上午 5-7 點與下午 4-5 點兩時段間餵食。

b. 每次餵奶開始時，需清空餵飼桶中殘餘的牛乳。

c. 每日餵食時同時確認乳粉及教槽料庫存。

d. 代乳粉之營養含量需求如表 7-1。代乳粉與水之調配比例應視代乳粉中養分濃度而定，一般均在 1：8-1：10 之間，使乳中乾物質含量達 10-15%。沖泡時以等量之代乳粉和冷水混合成糊狀，加入 65℃熱水（先勿添加達到代乳粉與水之適當比例），再以攪拌器攪拌至充分混合為止。最後加冷水調溫至 40℃，且使達到代乳粉與水之適當比例，即可餵飼犢牛。

e. 每次餵食結束：

i. 用清水重新注滿所有水桶，並檢查精料桶。

ii. 盡可能澈底清洗所有的奶瓶、奶嘴和攪拌器具，或者用熱水和具有消毒力的清潔劑在水槽中清洗。

iii. 用熱水和清潔精手洗所有的桶子。

iv. 沖洗或清理工作場所地板。

表 7-1　代乳粉中應含有的各種營養成分建議濃度

| 營養成分 | 含量 |
|---|---|
| 代謝能，Mcal/kg | 3.78 |
| 粗蛋白，% | 22.0 |
| 粗脂肪，（最低）% | 10.0 |
| 巨量礦物質 | |
| 鈣（Ca），% | 0.70 |
| 磷（P），% | 0.60 |
| 鎂（Mg），% | 0.07 |
| 鉀（K），% | 0.65 |
| 鈉（Na），% | 0.10 |
| 氯（Cl），% | 0.20 |
| 硫（S），% | 0.29 |
| 微量礦物質 | |
| 鐵（Fe），ppm（或 mg/kg） | 100.0 |
| 鈷（Co），ppm | 0.10 |
| 銅（Cu），ppm | 10.0 |
| 錳（Mn），ppm | 40.0 |
| 鋅（Zn），ppm | 40.0 |
| 碘（I），ppm | 0.25 |
| 硒（Se），ppm | 0.30 |
| 維生素 | |
| 維生素 A，IU/kg | 3800 |
| 維生素 D，IU/kg | 600 |
| 維生素 E，IU/kg | 40 |

(3) 出生後 1-7 天：

a. 第 1 天和第 2 天：以奶瓶確實給飼初乳。

b. 第 3-7 天：

i. 每天 2 次，每次餵一瓶代奶粉泡製的牛乳。

ii. 每次餵奶後補充乾淨清水到飲水桶中。

iii. 精料桶中放置新鮮教槽料或穀物（置於桶底部約 2-3 公分厚度）。

iv. 每隔 1 天更換教槽料或穀物。

(4) 出生後 8-15 天：

a. 提供 2-2.5 公升代奶粉泡製的牛乳到水桶。餵奶前先倒空水桶，倒入牛乳供仔牛飲用，牛乳飲用結束後，再用新鮮的水重新裝滿。

b. 持續餵食教槽料或穀物（置於桶底部約 2-3 公分厚度）。

c. 隨著採食量提高，可增加教槽料或穀物（不要餵超過 0.5 公斤／天）。

d. 提供較短片段優質乾草任食以刺激瘤胃發育。

e. 每隔 1 天更換教槽料或穀物。

f. 根據需要增加飲水提供量。

(5) 仔牛出生後 16 天至 6 週齡：

a. 當小牛每天可採食 0.7-0.8 公斤教槽料或穀物時，就可開始準備進行離乳。每日採食教槽料或穀物超過 1 公斤時，可完全改以芻料及精料給飼。

b. 每天 2 次將水增加到 4.5-5 公升。

c. 此期間可進行小牛去角。

d. 天氣若較熱，要確保所有犢牛均可自由取得充足的飲水。

(6) 犢牛健康監控

a. 如果有不願意喝初乳的犢牛，需通知值班主管。

b. 如果小牛不願主動吸食 2 公升以上的初乳，需由人員使用飼餵器餵食。

c. 任何有腹瀉跡象的犢牛：

i. 保持定期的餵食時間表。

ii. 持續 3 天補充電解質和水。

iii. 於牛奶替代品中添加治療藥物。

iv. 如果 2 天後觀察未有任何改善，需執行進一步治療方法。

d. 任何犢牛出現耳朵下垂、眼睛凹陷或昏昏欲睡的現象，應即刻進行適當的處理。

e. 任何流鼻涕、咳嗽和食慾低落的牛隻，均應進行適當治療。

f. 監測臍帶脫落與肚臍周邊健康狀況。

g. 任何其他健康異常均需進行通報與記錄。

# （三）犢牛之管理與公牛去勢

## 1. 剪耳號

較適合 1 週齡前之犢牛。

(1) 固定牛隻。

(2) 以酒精消毒牛隻耳緣與耳號剪。

(3) 以耳號剪在牛耳上剪出所需之耳號（圖 7-5）。

(4) 以碘酒塗在傷口處。

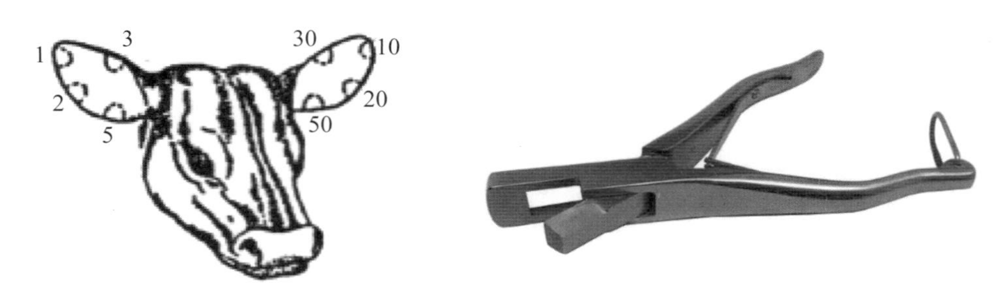


圖 7-5　牛隻耳號剪法（左）與耳號剪（右）

## 2. 釘耳標（圖 7-6）

(1) 固定牛隻。

(2) 以酒精消毒耳標與牛耳欲釘之部位。

(3) 耳標裝在耳標鉗上。使牛耳插入耳標鉗中，對準欲釘之部位，用力夾耳標鉗，使耳標上下兩片合而為一即可。

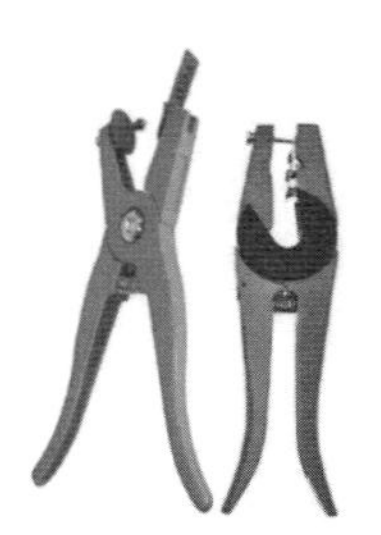

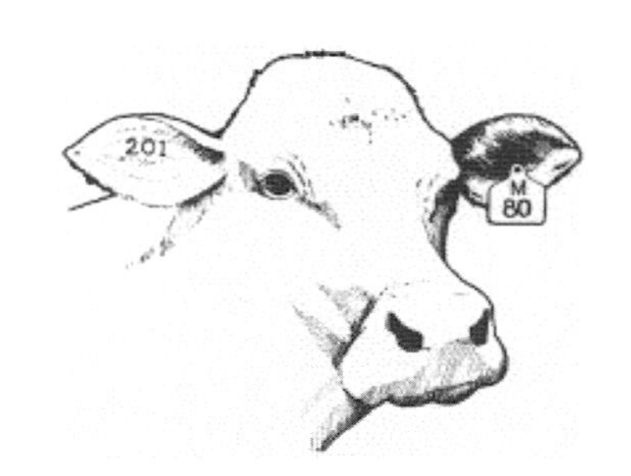


圖 7-6　耳標（左）、耳標鉗（中）與耳標釘入位置（右）

## 3. 摘除副乳頭

牛的乳頭正常爲 4 個，若乳房表面出現多餘之副乳頭（圖 7-7），不僅無泌乳功能，而且會防礙機械擠乳的操作，故一般在牛於幼年時，約 1 月齡會進行副乳頭去除。

(1) 一人右手橫過犢牛二前肢的脅部，朝向自己的方向施力，左手推仔牛腰部，使犢牛成坐姿。

(2) 第二人把套繩的一端套在犢牛右後肢跗關節上方，將套繩轉成 8 字狀，另一端套入左後肢跗關節上方，再以左腳踩在8字形的中間，以防犢牛後肢亂動。

(3) 以止血鉗將副乳頭固定鉗起，且盡量向外拉。

(4) 再以彎剪刀將副乳頭由基部剪斷（圖 7-7）。

(5) 取抗生素軟膏塗抹在傷口上，以後每日換藥 1 次，直至傷口癒合爲止，以免感染發炎，影響日後的泌乳功能。

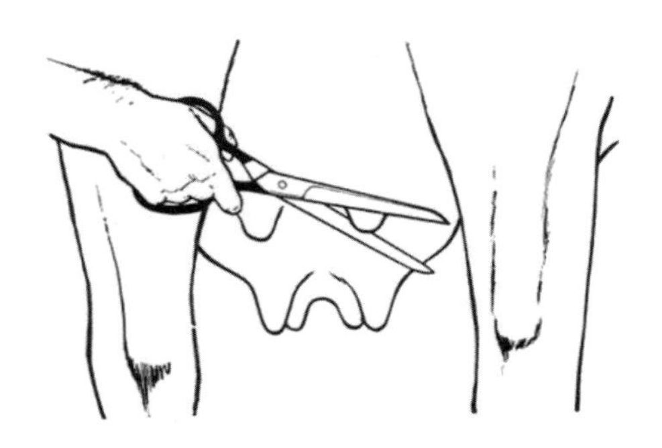

圖 7-7　副乳頭移除

## 4. 犢公牛去勢

公牛去勢考慮的因素主要是因爲加速改良牛群時，須限制劣種之產生，將不留爲種用的公牛予以去勢，僅保留幾頭性能及遺傳極爲優異的種公牛供配種繁殖。公牛去勢後，因甲狀腺機能衰退，脂肪之氧化作用減少，因此沉積較多脂肪，易於肥育，且特有的體臭將逐漸消失，遂使肉味更加美好，肉質也較柔軟。但與未去勢的公牛相比，屠體瘦肉率較低，脂肪較多，增重速率與飼料利用效率會較差。

(1) 去勢鉗（Pincer）鈍壓法（圖 7-8）

a. 以麻繩固定牛隻。

b. 犢牛不用麻醉。成牛需麻醉時，可注射 4-5% 鹽酸普魯卡因液（Procaine Hydrochloride）。

c. 操作人員位於牛之後方，左手於陰囊頸部壓迫精索於外方，使緊靠外側壁。右手持已張開之去勢鉗的外側腳，將精索置於鉗口的中央，並盡量靠近外鼠蹊環，鉗之他腳則靠於右膝外側面，之後將兩鉗腳緊壓並保持 1 分鐘。於第 1 鉗壓線之下方 2 公分處，做第 2 次鉗壓，兩壓線須彼此平行，且與精索垂直正交，如此即將精索內之血管壓斷，達到去勢的效果。

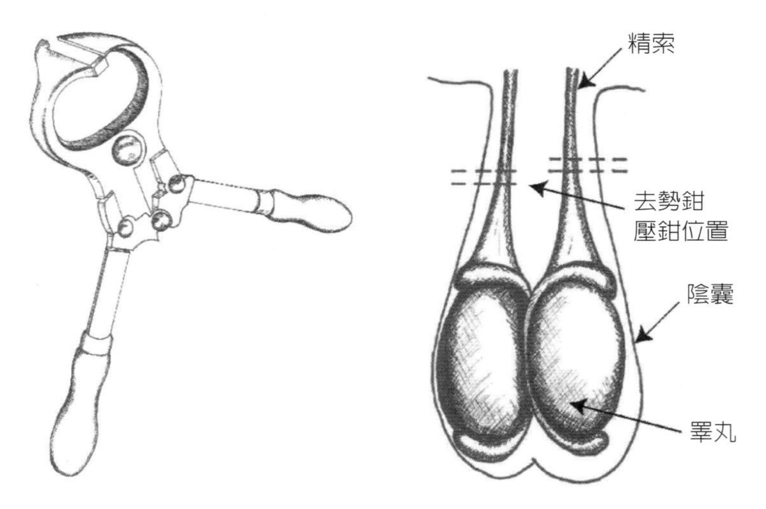


圖 7-8　牛隻去勢鉗（左）與鈍壓位置（右）

(2) 橡皮筋緊縮法（圖 7-9）：只適用於 6-8 週齡之犢公牛。

a. 將犢公牛固定。

b. 以撐開器將強力橡皮筋撐開，緊套在睪丸上方精索部位，撐開器合攏後取出，即可達到阻絕血液供應之目的，使睪丸逐漸萎縮。

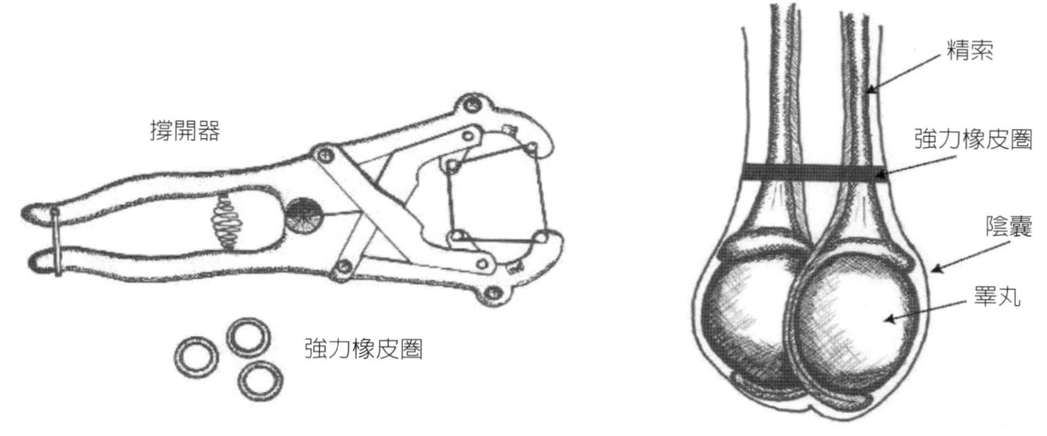


圖 7-9　橡皮筋緊縮法器材（左）與套用位置（右）

# 討論與問題

1. 牧場有一頭約 15 日齡之小女牛，若預計將其留種以投入未來生產之用，應該要進行哪些操作處理以利未來管理？
2. 小公牛是否要進行去勢，有哪些因素需列入考慮？

# 實習八

## 牛隻去角與標示

# 實習目的

了解犢牛及成年牛隻去角之操作方式，並學習以最少之痛楚與傷害，利用冷凍烙印方法完成牛隻之永久性識別標記。

# 原理與背景

由於荷蘭牛天生就會長出角，所以爲了方便畜主管理及避免牛隻互相用角撞擊，而造成牛隻或人員的受傷、流產等意外，一般多於牛隻 2 週齡前去角，因爲此時角芽初現，易將其破壞。在犢牛上常使用的有藥膏（苛性鹼）去角與電熱去角兩種方式。犢牛去角前應從原牛群中隔離出來，最好是在犢牛單欄飼養的時候進行，以避免相互舔舐造成犢牛的口腔、食道等部位被燒傷。早期去角較利於操作，出血少且對牛隻生長受到的影響較小，也能使感染的危險減少到最低限度。

冷凍烙印法的原理是利用冷媒（常見爲液態氮）的超低溫性質來使局部皮膚的黑色素細胞壞死脫落，處於冷凍狀態的皮膚不會出血，之後解凍時，冷凍處的組織就會慢慢脫落。冷凍烙印對家畜的損傷較小，冷凍後身上的毛髮呈白色，標記不容易消除。冷凍烙印後之皮膚變化過程如下：烙印處皮膚會凍結並出現凹陷，數分鐘後皮膚解凍，此時烙印處皮膚開始漸漸出現發紅、水腫。依烙印冷凍持續時間之長短，水腫之持續時間約 24-48 小時，當紅腫消退後，烙印處會呈乾皺狀，並結痂持續 3-4 週。當痂皮脫落時，部分毛髮、皮膚隨之脫落，烙印處之白色毛髮約在烙印後 6-10 週長出，但在白色毛髮長出前，烙印字跡仍是清晰可辨。

# 實習材料與器具

## （一）犢牛去角

彎剪刀、凡士林、苛性鹼軟膏、電熱去角器、優碘軟膏。

## （二）成年牛隻去角

頭部保定設備、固定用麻繩、線鋸、烙鐵（止血時使用）、加熱噴槍。

## （三）牛隻冷凍烙印

1. 冷媒（以取得方便性擇一）
   (1) 乾冰置於 95% 之甲醇、乙醇或異丙醇中。
   (2) 液態氮。
2. 貯存冷媒之絕熱容器。
3. 銅製或銅合金製之烙鐵，烙鐵字模表面成圓形，字模大小依牛隻年齡而定，6 月齡以下仔牛用 2 吋字模，6-12 月齡用 3 吋字模，1 歲以上用 4 吋字模。
4. 護目鏡及手套：保護手、眼以防乾冰或液態氮之凍傷。
5. 剃刀或剪毛機。
6. 酒精洗瓶。
7. 夾欄或其他保定裝置。
8. 整理被毛之刷子。

# 實習步驟與方法

## （一）犢牛去角

1. 苛性鹼軟膏去角（化學去角）：

(1) 一人提住犢牛後肢，迫使其靠牆角站立，第二人則兩開騎跨在犢牛肩部，以雙膝將犢牛固定。也可利用小牛保定方法，將牛隻放倒後壓住肩部。

(2) 騎在犢牛上之第二人，以左手抓住犢牛右耳，左手臂抵住犢牛鼻部，用彎剪刀將鈕釘狀右角基周圍的毛剪去。角基位置與需去除部位如圖 8-1。

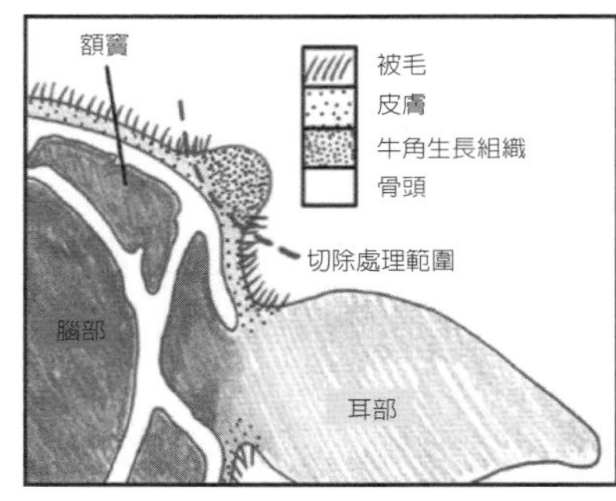


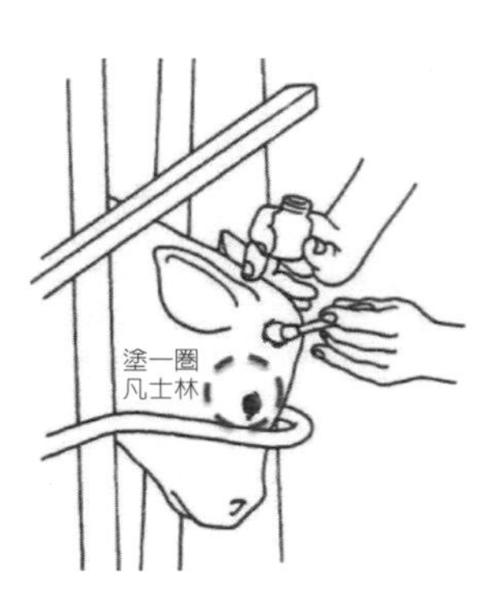


圖 8-1　角基外觀位置與需去除部位相對位置

(3) 在角基與眼眶四周塗抹少許凡士林，以防苛性鹼塗抹後的血水流入眼睛。

(4) 將苛性鹼軟膏抹在角基上，並利用軟膏管鋸齒狀開口在角基上左右旋轉摩擦約半分鐘。

(5) 第二人改以右手抓住犢牛左耳，右手臂抵住犢牛鼻部，剪去左角基周圍的毛，其餘操作法同 (3)、(4)。

2. 電熱去角法（圖 8-2）：

(1) 將電熱去角器先插電預熱。

(2) 犢牛固定，方法同化學去角法之 (1)、(2)。

(3) 將頂端已成通紅之電熱去角器置於角芽上，左右旋轉 10-12 次，共約 5-10 秒；再以該器之頂端邊緣，壓在角芽頂端 1-2 秒。

(4) 去完右角基後，再以同法去除左角基。

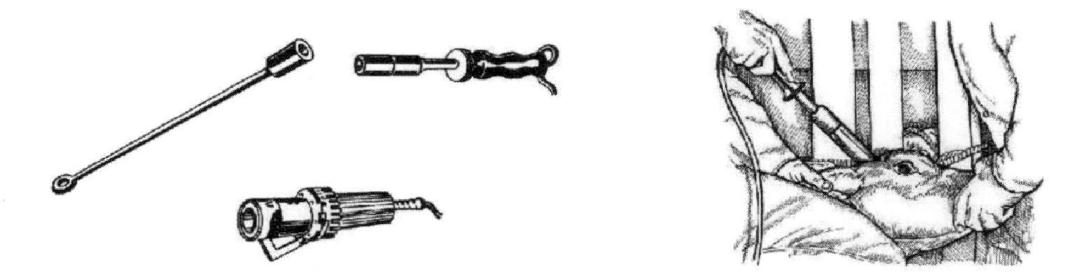

圖 8-2　電熱去角器（左）與電熱去角方式（右）

## （二）成年牛隻去角

線鋸去角：適用於角已長成之成年牛隻。

1. 用頸項架和套繩將牛隻固定。
2. 在距離角基約 1-2 公分處，先以片鋸切割出可卡入線鋸之溝槽，再由操作人員雙手持線鋸，前後交替拉扯施力，將角切除（圖 8-3）。
3. 去角後，以電焊槍在切口處加熱止血。止血後，以抗生素塗抹在橫斷面，並慎防雨淋，以免傷口發炎。

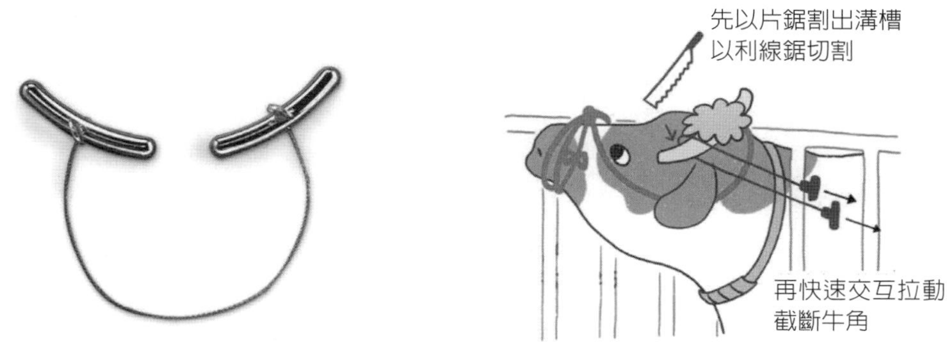


圖 8-3　去角用線鋸（左）與去角操作方式（右）

## （三）牛隻冷凍烙印

液態氮烙印法之優點在於大多數地區取得液態氮較乾冰容易，使用較方便且容易進行，且烙鐵在數秒內即能重新冷卻完成供再次烙印。烙印處無需使用特製的剪刀即能剃毛，剃毛的程度需求低於乾冰加醇液法。因爲液態氮溫度較低，因此操作時比乾冰加醇液法所需烙印的時間短，且烙印處自烙印後至長出白毛期間，烙印數字的痕跡仍清晰可辨。但液態氮烙印法之缺點在於烙印時間超過前述之推薦時間長度時，皮膚與毛囊易受凍害。液態氮使用若不小心，也易致操作者有凍傷的危險，而冷凍烙印用之液態氮容器較昂貴，有些地區液態氮取得也較不易。

### 1. 乾冰加醇液法

使用乾冰加醇液法的主要優點在於其烙印之結果比液態氮烙印法的印記更整齊一致，即使多延長烙印時間 2-5 秒亦不致對牛隻有明顯之危害。其烙印及白毛長出後，烙印字模均相當清晰，易於辨識。使用乾冰加醇液法之缺點在於有些地區乾冰之取得不易，欲維持適當的低溫不容易。當環境潮溼時，冷媒容易吸收空氣中的溼氣而降低冷卻的效果。另外，由於冷媒溫度不如液態氮低溫，因此每次烙印完需耗時 60-90 秒使其再度冷卻烙鐵供再烙印，操作時間會較長；烙印前之剃毛需徹底才能有最好效果，也會增加操作上所需的時間。此法進行時步驟如下：

(1) 絕熱容器內傾入足夠淹沒烙鐵頭部之醇液，緩緩加入碎乾冰使醇液降溫至 −79℃，保持有乾冰塊浮於醇液中，以維持冷媒之溫度穩定。

(2) 將烙鐵置於冷媒中，剛置入時冷媒應出現沸騰狀，當烙鐵與冷媒溫度平衡時，沸騰停止，烙鐵即可使用。烙印步驟如下：

a. 固定牛隻。

b. 選擇牛身上之烙印處，以具有黑色的區域爲佳，盡可能將該處體毛剃除清潔。

c. 刷去剃毛處之毛髮、汙物、皮屑等，皮膚汙穢或有油脂部分以棉布沾酒精後除去。

d. 烙印前將預計烙印之皮膚區域立即以酒精浸潤，每一字號之烙印均需進行。

e. 選擇正確的烙鐵，移除附著的多餘冷媒後，迅速用力按壓烙鐵，以確保烙鐵面與皮膚之緊密接觸（圖 8-4）。參考表 8-1 維持適當的按壓時間以達有效烙印。

f. 牛隻若於體表白色區域進行烙印，需延長建議烙印時間 10-15 秒，以破壞毛囊造成光禿的印記區域。

圖 8-4　冷凍烙印之牛隻固定與烙鐵操作方式（左）及烙鐵形式（右）

表 8-1　乾冰加醇液冷凍烙印時按壓所需時間

| 牛隻年齡（月齡） | 按壓時間（秒） |
| --- | --- |
| 0-1 | 10 |
| 2-3 | 15 |
| 4-8 | 20 |
| 9-18 | 25 |
| >18 | 30 |

## 2. 剃毛後液態氮烙印法之步驟

(1) 液態氮以絕熱良好之容器承裝，容器開口之大小適足供烙鐵進出即可。液態氮之量應能隨時保持淹沒烙鐵頂之程度。

(2) 烙鐵置入液態氮桶內時應謹慎，以防液態氮沸騰而溢出。如同乾冰法者，液態氮之劇烈沸騰會持續到烙鐵溫度與液態氮平衡後停止，而此時烙鐵才能使用。

(3) 烙印準備步驟同乾冰加醇液法。

(4) 選擇適當之烙印部位並剃除烙印處之粗毛，表皮之毫毛不需剃除。殘留之毫毛可保護表皮及毛囊避免受過凍時造成之傷害。各年齡牛隻以液態氮之冷凍烙印所需時間如表 8-2。

表 8-2　已剃毛液態氮冷凍烙印時按壓所需時間

| 牛隻年齡（月齡） | 按壓時間（秒） |
| --- | --- |
| 0-1 | 5 |
| 2-5 | 7 |
| 6-9 | 10 |
| 10-12 | 12 |
| 13-18 | 15 |
| >18 | 20 |

## 3. 不剃毛液態氮烙印法之步驟

不剃毛液態氮烙印法之優點在於烙印前無需剃毛，且烙印處長出之白毛更明豔、印記更清晰可辨。因有皮毛保護，烙印持續時間縱使超過推薦時間，也對表皮損害較小。此法之缺點在於因有皮毛存在，烙印持續時間需要比剃毛法長一倍以上，加上操作前需多用一次酒精浸潤烙印處，操作的整體時間效率會降低。使用此方式時，烙印之字跡需要 6-8 週後白毛長出才能清晰辨識。操作時如同前述剃毛液態氮烙印法之步驟，但是另外需處理之步驟如下：

(1) 選擇烙印部位及盡可能刷除被毛上之脫落毛髮、汙物、皮屑等。

(2) 烙印處以 70% 酒精充分擦拭，使酒精浸滲入毛髮達表皮，方可使用烙鐵，每一數字烙印時，均應重複擦拭酒精。

(3) 烙印時對烙鐵施予之壓力應比剃毛法大，以確保冷凍力能有效地透過毛髮、表皮，且施壓持續時間必須足夠。

(4) 不剃毛時推薦之烙印持續時間如表8-3，但是1月齡以下的牛隻不宜使用此方式。

表 8-3　未剃毛液態氮冷凍烙印時按壓所需時間

| 牛隻年齡（月齡） | 按壓時間（秒） |
| --- | --- |
| 2-3 | 15 |
| 4-6 | 20 |
| 7-12 | 25 |
| >12 | 30 |

(5) 牛隻若於體表白色區域進行烙印，需延長建議烙印時間 10-15 秒，以有效破壞毛囊造成光禿的印記區域。

# 討論與問題

1. 犢牛以化學去角時，操作過程需注意哪些事項？
2. 牛隻以耳標進行標示與冷凍烙印進行標示，各有何優缺點？

# 實習九

## 牛隻修蹄

# 實習目的

了解牛隻蹄部保健的方法及認識修蹄處理之步驟。

# 原理與背景

牛群無法靠自己來維持蹄部健康，牧場人員應每天花費一些時間來強化蹄部健康管理，以預防問題的發生，才能避免經常要處理跛腳牛的問題。蹄部健康的維護工作項目包括：

## 1. 確保有良好蹄部質地

預防性修蹄、飼糧調整、蹄浴。

## 2. 確保各牛蹄有正確負重比例

避免蹄趾過度受壓迫、減少牛蹄過度磨損。

## 3. 環境影響的危害降至最低

管控環境中的病原和溼度、維持蹄部清潔。

## 4. 早期且有效性的即時處理

看到牛隻釋出有問題信號，立即反應並採取行動。

## 5. 記錄每天工作與監控牛蹄健康

記錄場內發生的狀況，確保及管控牛群健康。

牛蹄質地取決於蹄趾堅硬度和蹄部外形。蹄趾會不斷地生長，生長速率約為每週 0.1-0.2 公分，蹄趾的厚度約為 1 公分，但負重增加時蹄趾增長加快。從蹄趾的質地可反應出牛群的營養狀況、泌乳階段和健康程度等，同時也影響其免疫力與抗病力。定期削蹄可以提供乳牛蹄部平均的體重負荷，促進健康的角質組織生長，每年最少 1 次，最好是 2 次。因牛蹄在冬天較易過度生長，故修蹄時間建議在秋冬變換之際與冬天結束，或是牛隻分娩後未配種之前施行。

# 實習材料與器具

1. 修蹄固定架或翻轉修蹄架。
2. 固定用繩索（可選擇扁平繩索減低捆綁固定時的腿部傷害）。
3. 修蹄工具組（圖 9-1）。
4. 蹄鞋（圖 9-2）或護蹄貼片與黏劑（圖 9-3）。
5. 蹄病參考圖卡。

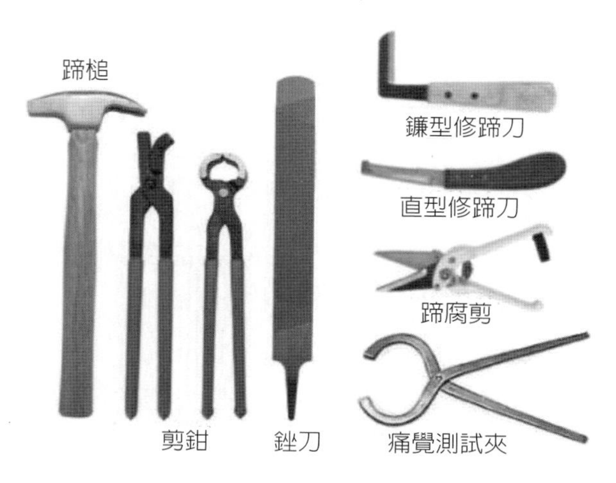


圖 9-1　基本修蹄工具

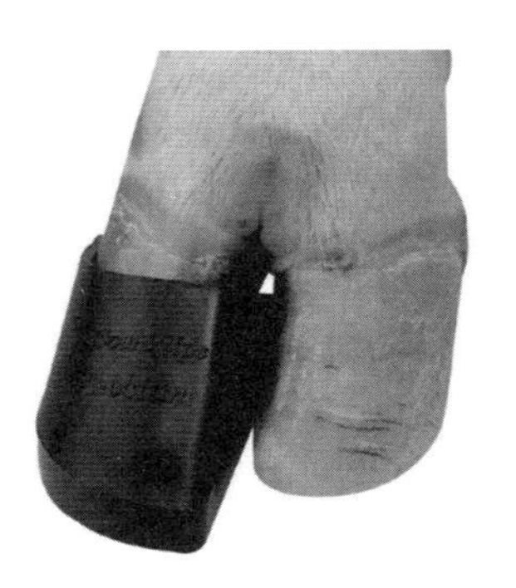

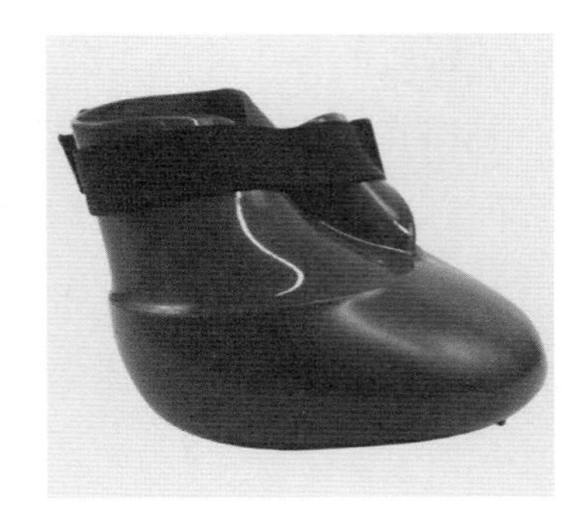

圖 9-2　牛隻蹄鞋

圖 9-3　護蹄貼片（左）與黏劑（中）及貼片黏貼位置（右）。需注意不可黏貼於治療過的蹄葉上

# 實習步驟與方法

牛蹄之外觀各部位與蹄底外觀位置如圖9-4，正常與常見異常蹄形如圖9-5所示。

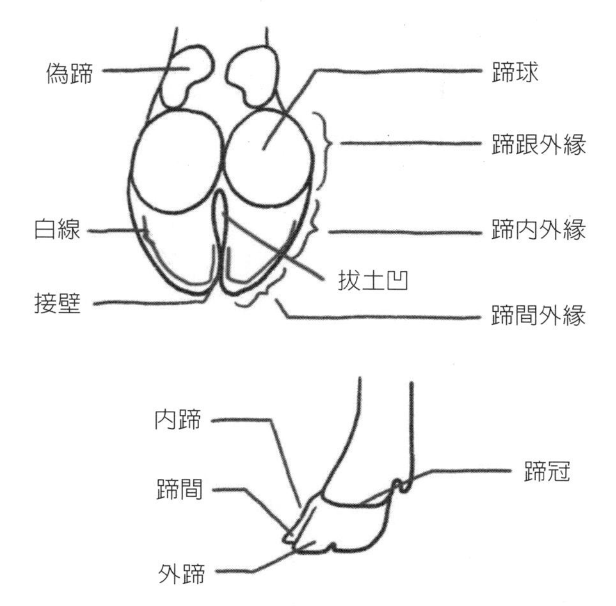


圖 9-4　牛蹄底部與腿蹄外觀各部位位置

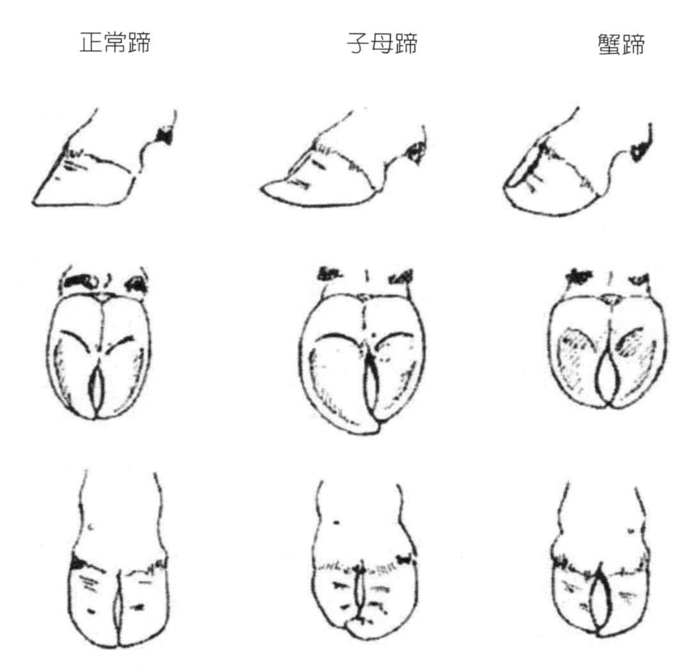


圖 9-5　正常與常見異常蹄形之側面（上）、蹄底（中）與正面（下）之外觀

## （一）直立式修蹄架修蹄

1. 牛隻固定時，把牛隻牽到固定架（圖 9-6），以套索將之繫在固定架前方並以夾欄固定頭部。
2. 工作者蹲在固定架之柱子旁，一手持木槌，一手持直型修蹄刀，先啟前蹄，依正常蹄形將前蹄過長之部分以木槌擊蹄來加以切除，或用虎頭鉗將其剪去。
3. 再以鐮型修蹄刀或刮削刀削修蹄接壁，削出拔土凹；然後自蹄跟部向蹄尖方向，以鐮型修蹄刀或刮削刀一次又一次薄薄地削切蹄底面，使其與地面之銳角角度呈 45-50° 間，千萬不可反方向削切，或一次用力太猛削太深。最後以銼刀像修指甲般，將削過之部分加以修整，修整正常蹄時切勿傷及生長點。
4. 若發現蹄底有腐敗、發黑或惡臭，應先將發黑之部位以刮削刀搯去，再塗上抗生素軟膏。
5. 修後蹄時，工作者應位於固定架之柱子外側，並隨時提高警覺，以防牛隻抬後腿踢人。如同修整前蹄一般，先修蹄尖接壁後，再固定牛後腿。
6. 將繩子游離端吊在釘於壁上或梁上之金屬鉤，再將其在牛後腿膝關節上方繞一圈，拉緊、吊高牛隻後腳、固定繩索；或亦可不靠鉤子，直接將牛後腿拉高，綁在固定架之柱子上。
7. 修整後蹄底面之方法如同修整前蹄。

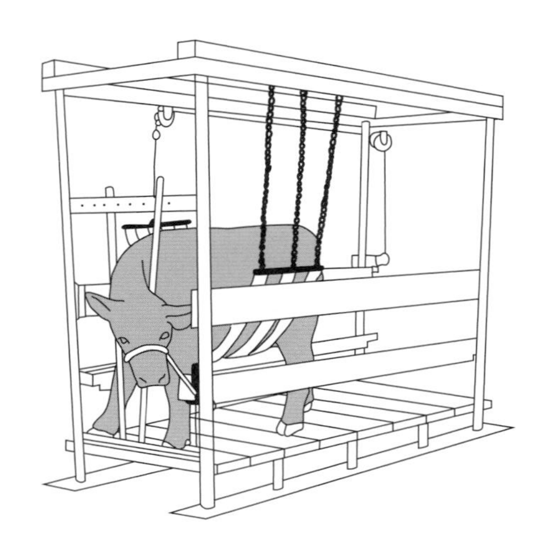
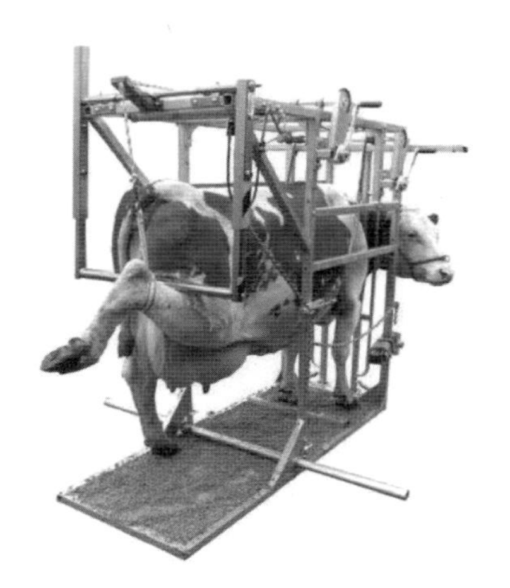

圖 9-6　直立式修蹄固定架與後腿固定方式

## （二）翻轉式修蹄架修蹄

1. 若使用翻轉式固定架（圖 9-7），需先以翻轉架上之收縮束帶，於前肢後端與後肢前端束緊固定牛隻，再行操作翻轉。
2. 翻轉完成後，將牛隻四肢管圍部分用麻繩固定於修蹄架上，再進行修蹄。
3. 整修方式與操作與直立式修蹄相同。但因牛隻橫臥時，瘤胃收縮會受到阻礙，無法順利進行噯氣，因此不可操作過久，翻轉時間控制在 15-20 分鐘爲宜。
4. 操作結束後，先解開牛隻腿部固定之繩索，再翻轉回直立姿勢。注意牛隻能以 4 腳穩定站立後，再解開腹部之固定束帶。

圖 9-7　翻轉式固定架之牛隻固定方法與修蹄操作方式

## （三）蹄部的治療處置

蹄病問題的治療包括修蹄、傷口和感染處的治療，以及蹄病牛群的照顧。其目的是在問題發生之前，做出有效且快速地反應，進行早期和有效的即時處理。

### 1. 預防性（功能性）修蹄

(1)將所有的蹄甲都調整成正確的形狀，目的在讓牛隻體重均匀地分配在各個蹄趾，並確保讓所有負重盡量均匀地分布在各個蹄趾部位。

(2)蹄趾需修短，但蹄球區不能修薄，蹄趾之間應稍微張開。所有牛蹄每年定期 2-3 次修剪，修整後的效果可維持 4 個月以上。

(3) 可進行全場、整群（針對乾乳前及分娩後 2-3 個月）或問題牛隻個別修蹄。

**2. 治療性修蹄**

(1) 透過修整讓問題蹄趾的負重力比健康蹄趾小，可沿著蹄趾長度三分之二處修整削薄。

(2) 問題蹄趾的周圍堅硬邊緣需削薄，以避免瘀傷和刺激，並除去鬆散的蹄甲。

(3) 完成修蹄後，仔細檢查蹄冠狀帶和蹄趾間的空隙，有傳染性蹄病時要做藥物治療。有用藥與包紮下，治療 3 天後需檢查。最後可利用護蹄貼片黏貼在健康的蹄葉上，減少受治療的蹄葉接觸地面的機會。

## （四）修蹄的基本步驟與治療性修蹄方法（圖 9-9）

**1. 預防性（功能性）或治療性修蹄，都會進行下列三個步驟**

步驟 1

(1) 修整內蹄趾的長度：從冠狀帶（皮膚和蹄甲交接的轉換處）量測 7.5 公分長度。

(2) 蹄底的厚度應為 0.5-0.7 公分。蹄跟的部位不要做修整，這樣能確保蹄的角度可更陡峭，才有穩定且平坦的支撐面。

(3) 前蹄的角度約 45°，後蹄 50°，如圖 9-8。

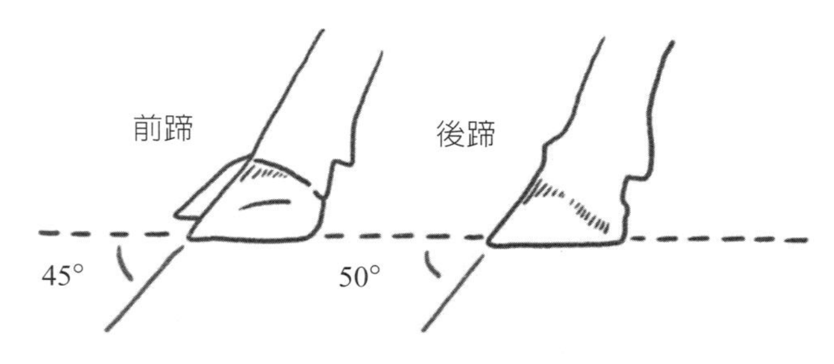


圖 9-8　牛隻前後蹄角度

### 步驟 2

(1) 將外蹄趾修得一樣長，並與內蹄趾的軸承面同高。
(2) 如果內蹄趾比外蹄趾更高，則應修整後蹄跟的區域。

### 步驟 3

(1) 將蹄中線靠近蹄趾之間的空隙清空。
(2) 清除趾縫內的物質可讓空氣暢通和保持乾淨。
(3) 蹄跟糜爛的邊緣應做切除，從趾尖到內側軸承邊緣的距離至少應 2.5 公分。
(4) 由最長的蹄趾開始修剪。前腳一般由外蹄趾開始修整，後腳由內蹄趾開始修整。

## 2. 有蹄部問題的治療性修蹄

### 步驟 4

透過修整，讓問題蹄趾的負重力比健康蹄趾更小。如果只有一個蹄趾有問題，其他蹄趾就需協助其負重。此時，可沿著問題蹄趾長度三分之二處修整得較薄一些。

### 步驟 5

(1) 應將問題蹄趾周圍堅硬的邊緣削薄，以避免瘀傷和刺激。除去鬆散的蹄甲，才不會有殘存的汙染物。
(2) 完成修蹄後，仔細檢查蹄冠狀帶和蹄趾間的空隙。
(3) 有蹄跟糜爛、蹄趾惡臭和趾皮膚炎時都要做治療。

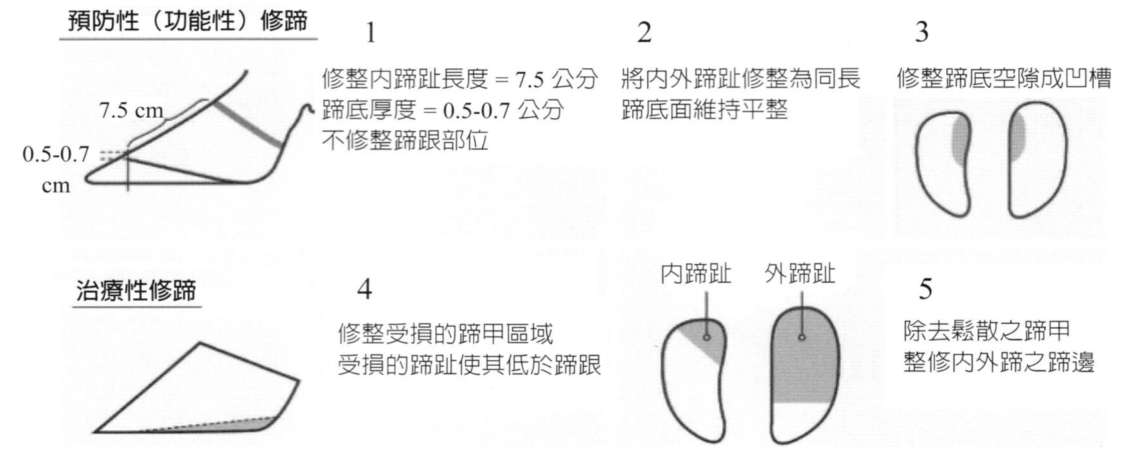


圖 9-9　預防與治療性修蹄之操作要點

## （五）蹄病評分紀錄

1. 在牛群修蹄時進行評分紀錄（圖 9-10），必須要正確做紀錄才能提供有用的資訊。需包括全場牛群的紀錄總表，以及能列出個別牛隻的詳細紀錄。
2. 數據評估時，需設定目標，確認場內狀況與其他牧場的表現差異。
3. 記錄牛隻數據時，利用紀錄表載明個別牛隻之四肢蹄的健康情況，以及治療方式或結果。
4. 根據牛群紀錄總表（表 9-1）來評估全場各種蹄部疾病發生的嚴重性。

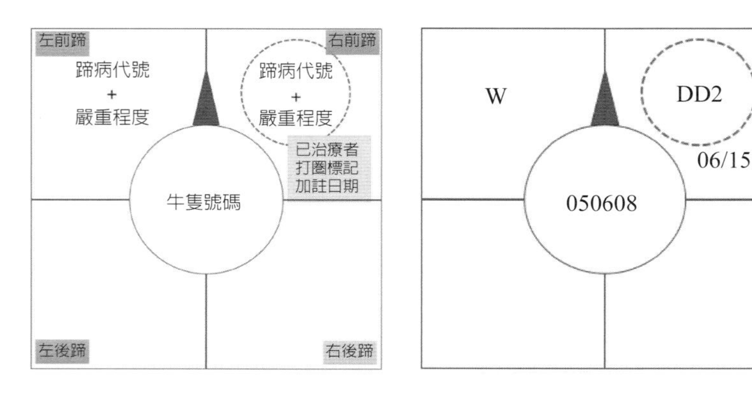


顯示資訊：
1. 050608 號之乳牛。
2. 右前蹄有趾皮膚炎第二期（中度），6 月 15 日已治療。
3. 左前蹄有白線病，等待處理中。

DD：趾皮膚炎（Digital Dermatitis）
W：白線病（White Line Lesion）

圖 9-10　蹄病評分紀錄與填寫方式範例

表 9-1　牛群修蹄紀錄總表

| 修蹄時間： | 修蹄人員： | |
|---|---|---|
| 代號 | 蹄病名稱 | 出現次數 |
| | 趾皮膚炎（Digital Dermatitis） | |
| | 蹄球糜爛（Heel Erosion） | |
| | 趾間皮膚炎（Interdigital Dermatitis） | |
| | 腐蹄／臭蹄（Foot Rot, Foul or Phlegmon） | |
| | 白線病（White Line Lesion） | |
| | 蹄底潰瘍（Sole Ulcer） | |
| | 蹄底出血（Sole Hemorrhage） | |
| | 蹄趾潰瘍（Toe Ulcer） | |
| | 螺旋蹄（Corkscrew Claw） | |
| | 水平裂蹄（Horizontal Fissure or Hardship Groove） | |
| | 垂直裂蹄（Vertical Fissure） | |
| | 軸向裂蹄（Axial Fissure） | |
| | 趾間增生／纖維瘤（Interdigital Hyperplasia） | |
| | 蹄底薄弱（Thin Sole） | |

# 討論與問題

1. 牛隻修蹄時，削蹄方向爲何應由後向前進行修整，並分次以薄削方式進行修整？
2. 牧場若要設置修蹄架，設置位置應如何選擇？
3. 當牛隻出現蹄病的比例偏高時，在飼養管理上應該注意哪些問題？

# 實習十

## 機械擠乳與乳房炎測定

# 實習目的

練習日常機械擠乳之操作方式及現場乳房炎檢測方法。

# 原理與背景

乳牛是一種溫馴且具習慣性的動物，喜好規律性的日常作業程序。每天以同樣的程序、方法、時段來進行擠乳工作，是合乎乳牛習性的一種良好作業規則。使用擠乳機擠乳的目的，是爲了快速、衛生，使牛隻受到最少的刺激或傷害下擠取最高量之牛乳。乳牛於擠乳前，乳房須得到良好的接觸刺激，使腦下垂體分泌子宮收縮素，以使乳泡之肌上皮細胞受到子宮收縮素的作用而收縮，提高乳房內壓而將乳泡腔內之牛乳擠出完成排乳，配合擠乳機可以迅速而規律性將乳房內之牛乳擠出。要達到成功的擠乳，擠乳人員必須了解乳牛之泌乳生理、擠乳機之原理與維護，以及正確的擠乳方法。

乳房炎是乳腺發炎的一種反應，由於乳房的泌乳組織受物理性、化學性創傷或微生物感染所引起，其中以微生物侵入乳房導致的乳房炎占大部分。由於乳中的體細胞數與乳房炎具有很高的相關性，因此在乳房炎的監測上，可以用乳中的體細胞數作爲指標。乳房炎依其嚴重程度可再分爲臨床性與非臨床性乳房炎。

## 1. 臨床性乳房炎

乳房：外表顏色改變、腫脹，觸診時有熱感及組織硬化，牛隻有時感到疼痛。

乳汁：含有各種形式的凝固物、膿塊、血液，乳汁之性質已有所改變。

牛隻的乳體細胞數若超過 500,000 個／mL，可被認定爲具有臨床性乳房炎。

### 2. 非臨床性乳房炎

乳房：無肉眼可見之改變。

乳汁：乳汁外觀無特異改變，但乳汁中體細胞數上升，從乳汁之中有時可分離出病原菌。

其中非臨床性乳房炎防治的重要性在於其發生率爲臨床性乳房炎的 15-40 倍，而且會有轉變成臨床性乳房炎的趨勢。加上因爲此類乳房炎會長期存在於泌乳組織中，難以用一般性的方法診測，長期下來會使產乳量明顯減少，並影響生乳品質。

# 實習材料與器具

1. 機械擠乳設備。
2. 乳頭藥浴藥劑與清潔設施。
3. 乳房炎測試盤（CMT 4 孔盤）與乳房炎試劑（CMT 試劑）。

# 實習步驟與方法

## （一）機械擠乳程序（流程如圖 10-1）

### 1. 擠乳前之準備

(1) 提供牛隻一處清潔沒有緊迫的環境，環境必須盡可能地保持清潔與乾燥。
(2) 擠乳設備需先行開機檢查是否正常運行。
(3) 將泌乳牛隻分別趕入繫留欄，擠乳前驅趕牛隻不可太粗暴，避免牛隻受到驚嚇或太過興奮。牛隻在等待區之地板要有防滑功能，避免牛隻摔倒受傷。
(4) 擠乳人員洗淨雙手並戴上清潔之橡膠或乳膠手套，降低乳房炎微生物傳播機會。

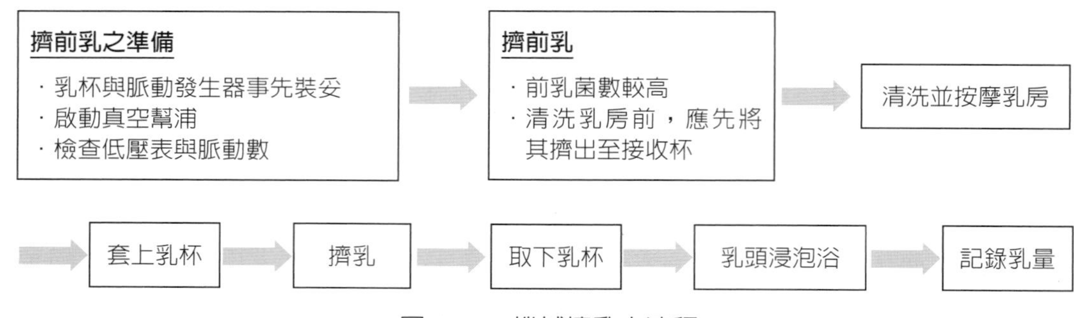


圖 10-1　機械擠乳之流程

## 2. 檢查乳房及擠前乳

(1) 擠乳人員可用手做牛隻乳房的檢查，或每次榨乳前以乳杯檢查前乳，以目視判定牛隻有無臨床性乳腺炎（乳房紅、腫、熱、痛，或乳質異常狀況如水樣、結塊、果凍狀、血乳、膿樣、異臭味等）。

(2) 擠前乳方式為每個分房擠 2-3 次，可在正式擠乳前達成刺激乳房的效果。

(3) 正確的榨前乳可以將乳頭溝開口處的微生物沖刷出來，減少新感染的機會。

## 3. 以清水清洗乳頭及乳房底部並按摩

(1) 正確的清洗與按摩乳房會刺激腦下垂體分泌排乳所需之子宮收縮素。清洗時需以溫水（約 43℃左右）進行，如此可達促使排乳之良好效用。

(2) 水洗後對乳房稍加按摩 30 秒以上，再以清潔紙巾擦乾乳頭四周，每張紙巾僅能使用 1 次。乳房與乳頭之乾淨及乾燥是擠乳工作最重要的關鍵。

## 4. 擠乳前藥浴（選擇性）

(1) 如果環境性乳腺炎感染率增加，大多會建議酪農在擠乳前增加一道乳頭藥浴的步驟，稱為前藥浴。

(2) 套上乳杯前，藥浴過的乳頭必須徹底地使用紙巾或毛巾擦乾淨。

(3) 擠前乳頭藥浴程序的建議：清洗乳頭、擠掉前乳、擠乳前藥浴，讓藥液與乳頭有 20-30 秒的接觸時間，再用紙巾或毛巾將乳頭殘留的藥液擦乾，最後套上乳杯。

## 5. 將乳頭澈底擦乾

(1) 無論使用何種方法來執行乳頭及乳房底部的準備工作，乳杯套上前必須使用紙巾或毛巾將乳房及乳頭澈底擦乾。

(2) 毛巾若能在使用後澈底清洗、消毒晒乾，每頭牛使用單獨的毛巾來擦乾乳房也是一種可接受的方法。

## 6. 在 1 分鐘內套上乳杯

(1) 乳房準備工作後約 1 分鐘，乳房內壓達到最高，並可維持約 5 分鐘。

(2) 乳房準備工作後 1 分鐘內套上乳杯，將可充分利用排乳相關內泌素的作用，增進擠乳的效果。

## 7. 需要時及時調整乳杯

(1) 泌乳牛隻會因個體差異、產量高低及其他因素而影響到擠乳時間長短，一般約在 3-6 分鐘。擠乳期間應隨時注意擠乳器透視管的乳汁流動，以防過度擠乳（over-milking）。若乳杯不正或即將滑落而發出聲音時，應即時矯正。

(2) 乳頭套入乳杯太深，會造成乳液阻塞，並刺激乳頭腔內之黏膜組織，可能因此引發乳房炎。乳杯懸掛不當也會造成乳液阻塞，增加擠乳延緩與乳杯下滑之狀況。

## 8. 取下乳杯

榨完乳將乳杯取下前，必須先將低壓關掉，否則會增加乳房炎發生的機會。

## 9. 擠乳後藥浴

(1) 乳杯取下後，立刻用消毒液，如優碘或稀釋 500 倍之無痛碘酒來浸泡乳頭，至其三分之二處約 2-3 秒，以降低乳房炎之感染。

(2) 擠乳完畢後，馬上以安全有效的藥水進行乳頭藥浴。

### 10. 記錄乳量

(1) 以乳桶盛裝乳汁時，將乳產量秤重記錄。

(2) 以配管式擠乳機擠乳時，可由個別之乳量自動記錄儀加以記錄。

## （二）機械擠乳的設備與維護

### 1. 擠乳時間

一般平均每頭乳牛每次擠乳時間約 4 分鐘，若爲高產牛（每次擠乳的乳量爲 15 公升），則需要 6 分鐘，若每增加 5 公升泌乳量時，則再增加 1 分鐘。若擠乳過程中發生低壓不當、出現過榨的情形，會有損牛隻的乳頭結構。

### 2. 擠乳低壓

(1) 擠乳低壓的設定會在不同擠乳管路系統中而有所不同：高配管擠乳系統 48-50 kPa，中配管擠乳系統 44-46 kPa，低配管擠乳系統 40-42 kPa。

(2) 在擠乳過程中，最高流量期間集乳座中的擠乳低壓位於 32-42 kPa 之間起伏，理想值爲 40 kPa，但會根據生乳流量而有所變化。

(3) 較高的擠乳低壓可縮短擠乳時間，但是過高的擠乳低壓（低配管擠乳系統高於 42 kPa）會增加乳頭底部的壓力，也會傷害乳頭上皮細胞，增加乳頭表面角化過度，誘發機械性乳頭腫脹與水腫，且會增加殘乳。

(4) 但若擠乳低壓過低（低配管擠乳系統低於 40 kPa），則易發生擠乳不完全、乳杯按摩動作不完全與乳杯滑落。

### 3. 擠乳低壓差

(1) 乳杯內低壓差值過大，可能導致細菌侵入，增加傳染風險，也會使乳頭腫脹與水腫。

(2) 低壓起伏分爲穩定及不穩定，穩定的低壓起伏是由擠乳設備的脈動發生器

（Pulsators）引起，並且在擠乳期間保持恆定。不穩定的低壓起伏，可能是低壓平衡不良或乳杯橡皮摩擦力不足等因素引起。低配管擠乳系統中，集乳座的低壓差必須小於 7 kPa，高配管應小於 10 kPa。

(3) 維持集乳裝置的氣孔暢通、減少乳杯滑落，或是手動脫離杯前先關閉低壓再將乳杯取下，都有助於避免低壓的起伏。

## 4. 乳杯橡皮內襯的類型

(1) 擠乳系統與乳房唯一接觸的組件是乳杯橡皮內襯，主要功能在將擠乳機低壓施加的壓力傳遞給乳頭。乳杯橡皮壽命會受到擴張與收縮之次數、清潔劑或消毒劑之藥品種類與貯存條件等影響。乳杯橡皮必須具有彈性，並能立即恢復原始形狀和尺寸。當使用過久的乳杯橡皮老化、彈性疲乏時，乳杯開合的動作會越來越緩慢，使施予乳頭的壓力降低，導致擠乳緩慢與殘乳增加，降低擠乳效率。另外，當橡皮內襯硬化磨損或破洞時，細菌很容易黏附在表面上，將使牛隻間的乳房炎感染風險提高。

(2) 乳杯嘴尺寸選擇時，可以使用窄口徑軟乳杯嘴之乳杯橡皮內襯，以降低機械所引發的腫脹與水腫，保持原乳頭狀況。窄口徑之乳杯橡皮，其內徑至少比牛群乳頭平均之直徑小 1-2 公釐，可於選擇乳杯橡皮前量測乳頭直徑之平均值來決定。乳杯橡皮閉合時，乳杯橡皮會形成上下氣密的脈動室，乳杯嘴和乳嘴腔應完全密合乳頭，減少乳杯滑動脫落，達到快速且乾淨的擠乳，減少乳頭的傷害。

## 5. 脈動系統

(1) 在整個擠乳過程中，擠乳系統要保持恆定的低壓，透過脈動器促進乳杯之脈動室低壓與大氣壓之交換，達到擠乳所需的乳杯橡皮閉合與舒張之按摩作用。

(2) 脈動器需要考慮的參數包括脈動數、脈動吸鬆比與脈動週期各階段的時間。

a. 脈動數為每分鐘完成的脈動週期數，增加或減少脈動數分別會導致擠乳更快或更慢。

b. 脈動吸鬆比為每一個脈動週期中，吸乳期與按摩期所占的比例，脈動吸鬆比的變化會改變吸乳和按摩階段，乳頭腫脹與水腫發生在脈動週期中的吸乳期開始的 0.5-1 秒，此時生乳開始流出，接著脈動室引入大氣壓使乳杯橡皮達到按摩效果，脈動室至少要有 0.15 秒引入大氣壓使乳杯橡皮達到按摩效果。

擠乳座之構造如圖 10-2。

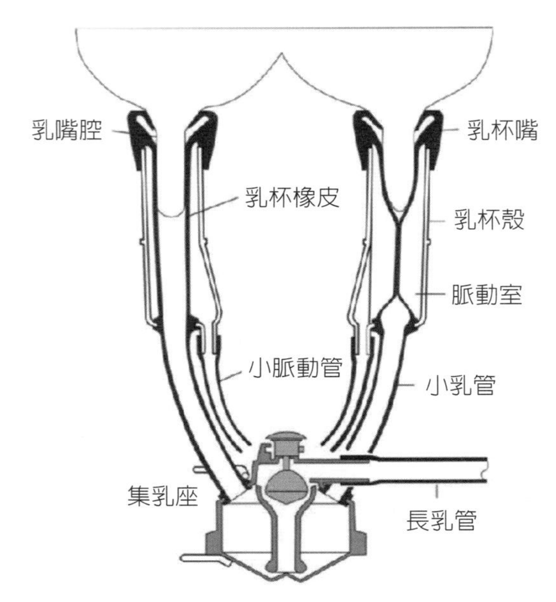


圖 10-2　擠乳座之構造與各部位名稱

## 6. 牧場擠乳人員進行常規檢查項目

除了專人每年例行性 2 次的擠乳機功能檢測之外，若乳牛出現出乳緩慢、擠乳不完全與乳杯經常滑落，可以進行簡易擠乳機檢測，及早了解問題之起因。擠乳人員應定期進行常規檢查，盡早發現機器問題，並立即進行處理與改善。擠乳系統定期檢查項目如下：

(1) 每日檢查

| 每日檢查項目 | 可能發生問題 | 建議事項 |
| --- | --- | --- |
| 檢查橡皮用具是否有破洞損壞、乳杯殼與乳杯橡皮間是否有水 | 若有破洞損壞將導致漏氣，影響低壓穩定。 | 若有破洞損壞請更換新品。 |
| 檢查消毒劑與清潔液是否充足、備品是否足夠 | 消毒劑與清潔液使用錯誤將影響生乳生菌數。 | 補充足量且濃度正確的消毒劑與清潔劑。 |
| 檢查乳杯座氣孔洞是否暢通 | 如果氣孔洞阻塞，生乳可能會堆積於乳杯與乳杯座，使低壓下降。 | 使用適當的工具疏通或清理氣孔洞。 |
| 讀取低壓錶 | 確定擠乳低壓值落在正常值，避免誤判。 | 輕敲低壓錶的表面，以確保針頭未卡住。若還是故障，更換新的低壓錶。 |
| 擠乳時仔細聽脈動器的運作聲音 | 影響牛隻擠乳時血液循環以及乳頭的休息時間。 | 擠乳機運作時，脈動器應保持規律的脈動；若聲音異常不規律，請對機器進行測試並清理灰塵。 |
| 觀察牛乳進入小乳缸 | 當牛乳進入小乳缸時，應保持穩定的流量與流速，進行抽乳離開小乳缸時（清空小乳缸）除外。 | 如果有湍流，很可能表示管線或其他零件有漏氣，請對機器進行測試。 |
| 脫杯時檢查乳頭顏色或形狀 | 擠乳後，如果乳頭變深色，則可能表示擠乳低壓過高或過度擠乳等問題。 | 檢視擠乳機低壓是否穩定。 |
| 檢查乳牛擠乳過程中的行為 | 乳牛擠乳過程有不適、踢或躁動的跡象，表示擠乳過程中有低壓過高、過榨或脈動器不正常之現象。 | 檢視並調整擠乳機低壓。 |

(2) 每週檢查

| 每週檢查項目 | 可能發生問題 | 建議事項 |
| --- | --- | --- |
| 檢查所有內襯、墊片是否扭曲、變形或破損 | 內襯、墊片老化變形，可能導致系統漏氣，造成不穩定擠乳低壓。 | 更新，建議新裝的所有內襯或墊片的邊緣和零件上畫上標記，確保這些標記對齊。 |
| 清潔脈動器與脈動管線 | 脈動器若無法讓空氣順暢進出，將影響脈動器的運作，影響脈動吸鬆比。 | 保持脈動器乾淨，避免灰（粉）塵附著。 |

（續下頁）

| 每週檢查項目 | 可能發生問題 | 建議事項 |
| --- | --- | --- |
| 聆聽擠乳運作時調節器之聲音，確保調節器乾淨 | 調節器若異常運作，會阻礙低壓幫浦調節的能力。 | 擠乳時，調節器要能順暢釋放空氣，運作時會聽到嘶嘶聲，確實保持調節器乾淨。 |
| 檢視乳杯橡皮內襯狀況 | 乳杯內襯是唯一與乳牛乳頭接觸的零件，若有磨損或變形，將無法正確按摩刺激乳頭，並可能孳生微生物造成感染源。 | 請確實依照廠商要求之使用次數與時間進行更換，若有發現磨損或變形應立即更新。 |
| 檢查低壓幫浦供油情況及皮帶鬆緊度 | 低壓幫浦功能為維持整個擠乳系統低壓的重要設備，若功能異常將影響整個擠乳低壓。 | 貯備備品，定期補充油料。 |

(3) 每月檢查

| 每月檢查項目 | 可能發生問題 | 建議事項 |
| --- | --- | --- |
| 檢查每頭牛擠乳時間，雖然取決於出乳速度與乳量，但每次擠乳時間應維持穩定 | 可能有過榨發生，影響乳頭性狀。 | 若乳杯橡皮超過使用年限，4 個乳杯同時更換新品。<br>若擠乳低壓不足，更換排氣量較高之低壓幫浦。<br>若脈動器不良，清洗、保養或更換。<br>若氣孔阻塞，請清洗乾淨。 |
| 確認循環系統管線清潔與水溫 | 清洗不確實或管線卡垢，將影響生乳生菌數。 | 檢查熱水器功能、水溫與水壓。 |
| 檢查乳杯橡皮內襯是否滑動移位 | 若每次擠乳後有 10% 乳杯橡皮內襯滑動移位，表示擠乳低壓可能異常。 | 進行擠乳機功能檢測。 |

## （三）乳房炎的可用檢測方法

### 1. 物理性檢查

可進行乳房的視診及觸診，乳房檢查時，應由前後左右特別注意乳房的外觀、對稱性與大小是否異常，乳頭或乳房上是否有外傷，或有炎症的症狀，如紅、腫等。檢查乳房也應該用手做觸診，評估乳房表面皮膚的溫度是否過高、觸摸時有無疼痛反應，以及乳房組織、乳腺槽與乳頭狀態是否正常。

## 2. 前乳檢查

擠乳前的擠前乳步驟，可用於判斷乳汁的顏色以及流動程度等表現。

## 3. 加州乳房炎試驗

牛乳中的體細胞數多寡可以用來判定乳房炎發生的程度，一般在現場都應用加州乳房炎試驗（California Mastitis Test, CMT）來檢驗牛乳，可提供快速的乳房炎判斷依據。但是得到正確的乳體細胞數目，則仍須依靠實驗室中乳體細胞數測定儀來檢測。

## 4. 利用 DHI 報表體細胞數進行判定

可利用 DHI 報表中之體細胞數（DHI Somatic Cell Counts）資料，進行個別牛隻之乳房炎狀況，同時可由牛群之體細胞數狀況來評估整場的可能感染程度。

## 5. 電導度測定

在現場，雖然有些利用電導度高低來作爲非臨床型乳房炎之指標，但在統計學上，仍未清楚表示電導度的增加與乳體細胞數的增加有絕對關係。

## 6. 乳中微生物分離

實驗室中的一些細菌學檢查，可以找出牛乳中存在的病原菌種類，並且可以利用抗生素敏感性測驗結果，輔助臨床上使用最佳種類的抗生素，以有效殺死病原菌，達到治療的目的。

## 7. 總乳檢查

收乳時於乳車進行採樣後分析。

## （四）加州乳房炎試驗（California Mastitis Test, CMT）之應用

加州乳房炎試驗是最常在擠乳現場利用的方式，可以間接地檢測出乳中的體細胞數，了解牧場內牛隻的健康情形，因其所需的技術與器具並不複雜，酪農自己便可正確操作，隨時掌握牛隻的健康。其主要應用範圍如下：

### 1. 乳房炎定期監測

一般以 2-4 週爲一週期來進行一次 CMT，當牧場中 CMT 陽性反應牛隻頭數過多時，應特別注意牧場的環境及擠乳衛生。擠乳時的順序應由 CMT 陰性反應的牛隻先擠乳，再擠陽性反應的牛隻，以減少疾病傳播的機會。

### 2. 乳房炎的診斷

利用 CMT 可以先檢測擠乳不易或乳房內外部已有出現病變的牛隻，當發現有乳房健康障礙的牛隻，應即刻予以採集乳樣、做細菌培養並立即進行治療。

### 3. 乳房炎治療結果判定

CMT 可以在最後一次乳房炎治療後約 8-10 天，檢測治療後呈現的結果，以確認治療是否成功。

### 4. 乾乳前乳房健康評估

可在乾乳前 10-14 天進行一次 CMT，出現有陽性反應的牛隻，立即採樣做細菌培養確認和治療。

### 5. 總乳體細胞數過高時的追查

若總乳體細胞數過高時，對個別牛隻進行 CMT，可以進行體細胞數過高的牛隻追查，對問題牛隻再進行乳樣檢查。

### 6. 分娩後乳汁的檢查

分娩後牛乳成分漸漸回復正常時（約 5 天後），進行 CMT 可測出牛隻乾乳期間之乳房是否受到感染。

### 7. 牛隻買入或拍賣前檢查

以確認乳房之健康狀況。

## （五）CMT 之測試原理與操作

### 1. 測定原理

利用界面活性劑，如 Alkyl Aryl Sulfonate 之鈉鹽或鉀鹽等，使牛乳中體細胞破裂放出 DNA 後而產生凝集。試液並加 Bromcresol Purple（BCP）為 pH 指示劑，指示劑亦可改用 Brom-thymol Blue（BTB）。

### 2. CMT 試劑配製

為 3% 之 Alkyl Aryl Sulfonate 之鈉鹽或鉀鹽（使用 Sodium Dodecylbenzenesulfonate），添加 0.01% 之 BCP 或 BTB，再將 pH 值調整為 7.0-7.5。目前已有商品可直接購買使用。

### 3. 操作流程

(1) 以吸管吸取 2 mL 已混合均勻之牛乳，或由各乳頭直接收集約 2 mL 之牛乳，分別置於特製之 CMT 塑膠勺杯的獨立孔盤中（圖 10-3）。亦可利用孔盤中之同心圓作為牛乳置入量的測定。

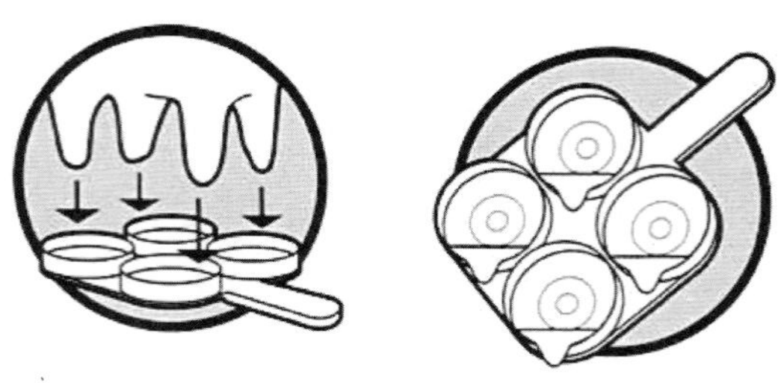

圖 10-3　收集牛乳置於孔盤

(2) 加等量的 CMT 試劑於各孔盤中（圖 10-4）。

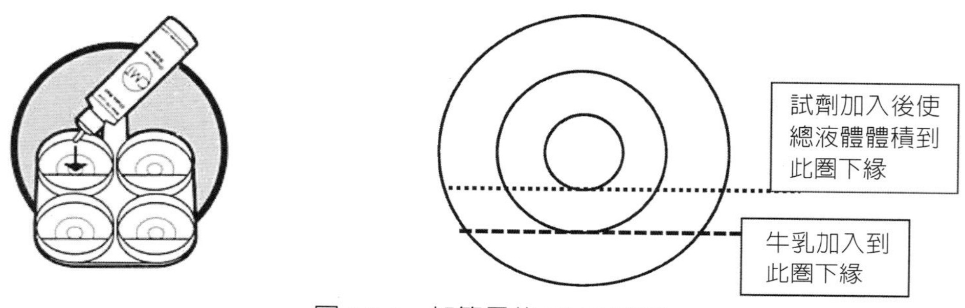


圖 10-4　加等量的 CMT 試劑

(3) 立即加以溫和地來回轉動混合。

(4) 10 秒鐘內立刻判讀結果，判讀時，仍應繼續輕輕轉動塑膠勺（圖 10-5）。

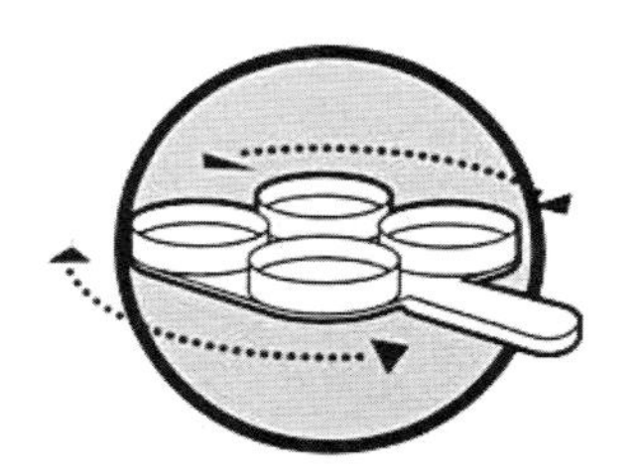

圖 10-5　來回轉動塑膠勺

結果判讀依據如下表 10-1：

表 10-1　CMT 測試判讀說明

| 凝集等級 | 細胞數範圍（萬個／mL） | 反應之狀況 |
|---|---|---|
| – | 0-20 | 無凝集片於傾面，牛乳保持流動狀態，無性狀變化。 |
| ± | 15-50 | 可見稍微之凝集，但短時間內又再溶化，牛乳保持流動狀態。 |
| + | 40-150 | 可見明顯之凝集，於傾面，可見殘留之凝集片。 |
| ++ | 80-500 | 多量凝集塊，黏膠狀稍強。 |
| +++ | > 500 | 多量凝集塊，形成強黏膠狀之半凝塊狀。 |

# 討論與問題

1. 預防乳牛乳房炎的管理與操作重點有哪些？罹患乳房炎之乳牛在擠乳進行時有何需注意事項？
2. CMT 試劑是否能準確顯示牛乳中的體細胞濃度？原因爲何？
3. 請討論乳房炎的主要病原與非臨床性乳房炎對牧場的影響。

# 實習十一

## 乳牛群性能檢定報表之運用

# 實習目的

了解乳牛群性能改良之意義，並建立對乳牛群性能檢定月報表之了解與運用方式。

# 原理與背景

乳牛群性能改良（Dairy Herd Improvement，以下簡稱 DHI）是乳牛之乳量、品質性能檢定及乳業記錄、收集、保存與分析的工作，目的是透過酪農或輔導員每月定期蒐集牛群管理紀錄、測定個別牛隻乳量、採集牛乳樣品送檢驗中心進行資料處理及檢驗分析，分析資料除可在最短的期間內迅速提供酪農作爲牧場經營管理的參考外，並可提供乳業相關單位評估國內牛群遺傳性能、選育優良種公牛及輔導的依據，促使國內乳牛群性能整體水準的提升。世界乳業先進國家均以乳牛群性能改良工作作爲乳業發展的基礎，並藉由國家總體乳牛群資料，協助個別乳牛場改良牛隻性能及提升經營效率。

乳牛群產乳性能之優劣，主要的兩項決定因素是牛隻的遺傳潛能與飼養者的飼養管理技術。而 DHI 計畫即記錄乳牛之產乳性能，予以收集、保存與分析，供作牛隻產乳遺傳潛能優劣之檢定，與牛群飼養管理技術水準之參考。

臺灣乳牛群性能改良計畫之執行，由酪農輔導員分赴參與計畫之酪農戶處，收集乳樣、產乳資料、確定牛隻身分，且將乳樣送至中央牛乳檢驗中心分析其成分及體細胞數，所得之資料傳回電腦資料處理中心予以整理。行政院農業委員會畜產試驗所新竹分所設計酪農牛舍內之紀錄表格，參與計畫之酪農需同時配合將其牛群發生之重要大事，如分娩、是否難產、發情、配種、疾病治療、淘汰等逐日記錄於表格內，酪農輔導員每月定期將此等資料轉換成代碼形式，送回電腦資料處理中心。以上之產乳資料與牛群紀錄經電腦處理後，可按月提供參與計畫之酪農其牛群之性能檢定月報表，提供酪農進行性能改良與飼養管理運用。資料收集與處理程序如圖

11-1 所示。

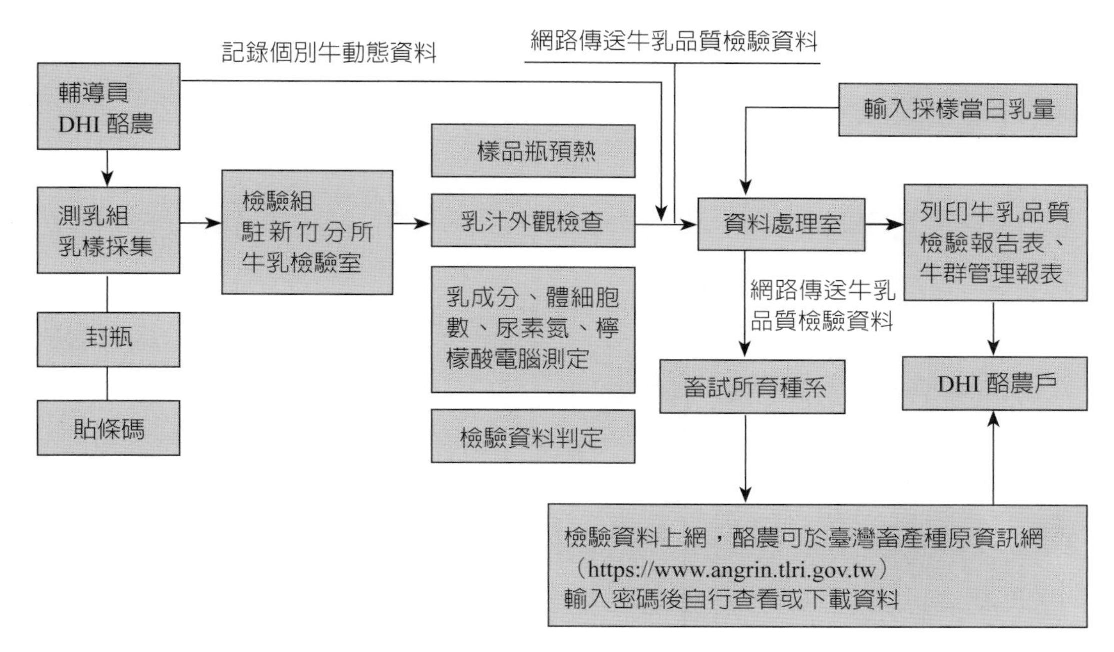


圖 11-1　DHI 資料收集與處理流程

# 實習材料與器具

乳牛群性能改良月報表（範例如表 11-1）。

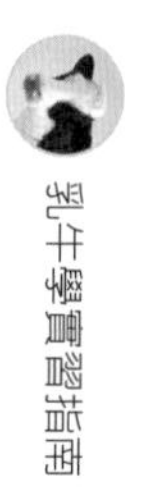




# 表 11-1　乳牛群性能改良—性能檢定月報表

資料年月：　　上次採樣：2020/6/22
酪　　農：　　本次採樣：2020/7/20
輔 導 員：　　採樣間距：28　　列印日期：2020/7/21　頁次：4/5

| 統一編號 | 前 9 個月泌乳資料 | | | | | | | | | 採樣當天資料 | | 分娩至採樣資料 | | | 全期平均 | 305-2X-ME 同期比較 | | 配種資料 | | | |
|---|---|---|---|---|---|---|---|---|---|---|---|---|---|---|---|---|---|---|---|---|---|
| 場內編號 | 乳量<br>體細胞 | 乳量<br>體細胞 | 乳量<br>體細胞 | 乳量<br>體細胞 | 乳量<br>體細胞 | 乳量<br>體細胞 | 乳量<br>體細胞 | 乳量<br>體細胞 | 乳量<br>體細胞 | 乳量<br>體細胞 | 蛋白率<br>乳脂率 | 胎次<br>月齡 | 分娩日期<br>泌乳天數 | 累積<br>乳量 | 蛋白率<br>乳脂率 | 乳量<br>乳脂量 | 乳量<br>乳脂量 | 配種日期<br>配種精液 | 預產期<br>配種次數 | 空胎<br>日數 | 注意<br>事項 |
| 06060110 | 0 | 30 | 29 | 28 | 31 | 29 | 28 | 26 | 28 | 18 | 3.43 | 1 | 19/10/23 | 7713 | 3.26 | 9921 | 1710 | 尚未配種 | | 271 | A |
| 06F110 | 0 | 2 | 4 | 6 | 5 | 8 | 8 | 8 | 7 | 8 | 3.79 | 37 | 271 | | 3.90 | 441 | 94 | | | | E |
| 06060116 | 27 | 28 | 31 | 18 | 32 | 28 | 31 | 33 | 26 | 32 | 3.56 | 1 | 19/9/16 | 8773 | 3.10 | 10425 | 2201 | 20/6/17 | 21/3/26 | 275 | |
| 06F116 | 4 | 2 | 3 | 1 | 2 | 3 | 4 | 2 | 6 | 6 | 4.00 | 35 | 308 | | 3.71 | 455 | 107 | 014HO07780 | 2 | | E |
| 06060125 | 19 | 24 | 26 | 26 | 28 | 24 | 25 | 26 | 25 | 25 | 3.28 | 1 | 19/10/12 | 6927 | 3.28 | 8957 | 768 | 20/2/11 | 20/11/19 | 122 | |
| 06F125 | 5 | 0 | 0 | 1 | 2 | 6 | 2 | 2 | 2 | 2 | 3.72 | 33 | 282 | | 3.89 | 411 | 64 | 014HO07780 | 2 | | E |
| 06060131 | 22 | 30 | 31 | 33 | 30 | 30 | 30 | 29 | 33 | 31 | 3.51 | 1 | 19/10/8 | 8488 | 3.14 | 11050 | 2811 | 20/2/12 | 20/11/20 | 127 | A |
| 06F131 | 1 | 0 | 1 | 2 | 2 | 2 | 3 | 5 | 4 | 8 | 3.73 | 31 | 286 | | 3.30 | 433 | 86 | 007HO12819 | 1 | | E |
| 07060802 | 0 | 0 | 0 | 0 | 20 | 23 | 22 | 23 | 25 | 25 | 3.37 | 1 | 20/2/12 | 3666 | 3.19 | 7495 | -658 | 尚未配種 | | 159 | |
| 07F0802 | 0 | 0 | 0 | 0 | 3 | 4 | 6 | 4 | 4 | 5 | 3.19 | 30 | 159 | | 3.75 | 331 | -14 | | | | E |
| 07060803 | 0 | 0 | 0 | 0 | 0 | 25 | 23 | 26 | 22 | 26 | 3.38 | 1 | 20/2/20 | 3688 | 3.25 | 7854 | -308 | 尚未配種 | | 151 | |
| 07F0803 | 0 | 0 | 0 | 0 | 0 | 3 | 4 | 2 | 3 | 2 | 4.02 | 30 | 151 | | 3.87 | 358 | 12 | | | | E |
| 07060804 | 0 | 0 | 11 | 21 | 30 | 25 | 33 | 31 | 30 | 29 | 3.14 | 1 | 19/12/20 | 5743 | 3.17 | 9324 | 1128 | 20/2/6 | 20/11/14 | 48 | |
| 07F0804 | 0 | 0 | 2 | 8 | 3 | 3 | 3 | 3 | 3 | 4 | 3.90 | 29 | 213 | | 4.06 | 450 | 102 | 029HO16701 | 1 | | |
| 07060811 | 0 | 0 | 0 | 0 | 0 | 0 | 0 | 25 | 28 | 26 | 2.64 | 1 | 20/5/11 | 1854 | 2.61 | 採樣次數過少 | | 尚未配種 | | 70 | C |
| 07F811 | 0 | 0 | 0 | 0 | 0 | 0 | 0 | 3 | 2 | 3 | 2.87 | 25 | 70 | | 2.52 | 暫不估計 | | | | | |
| 07060812 | 0 | 0 | 0 | 0 | 0 | 0 | 0 | 0 | 22 | 27 | 2.78 | 1 | 20/6/14 | 884 | 2.99 | 泌乳天數過少 | | 尚未配種 | | 36 | C |
| 07F812 | 0 | 0 | 0 | 0 | 0 | 0 | 0 | 0 | 6 | 3 | 2.82 | 25 | 36 | | 2.87 | 暫不估計 | | | | | |
| 00062132 | 0 | 0 | 10 | 20 | 24 | 23 | 22 | 22 | 24 | 23 | 3.10 | 5 | 19/12/27 | 4487 | 3.31 | 5755 | -2359 | 20/5/11 | 21/2/17 | 136 | |
| 2132 | 0 | 0 | 5 | 0 | 2 | 2 | 2 | 1 | 2 | 2 | 3.58 | 109 | 206 | | 3.56 | 207 | -135 | 509HO12690 | 1 | | E |
| 0006224 | 27 | 0 | 0 | 26 | 38 | 41 | 37 | 38 | 31 | 31 | 2.88 | 5 | 20/1/14 | 6679 | 3.12 | 8810 | 628 | 尚未配種 | | 188 | |
| 2224 | 6 | 0 | 0 | 2 | 6 | 2 | 2 | 2 | 6 | 2 | 3.09 | 99 | 188 | | 3.37 | 291 | -54 | | | | E |

牛乳體細胞說明（範圍單位為千個）

| 分數 | 範圍 | 分數 | 範圍 | 分數 | 範圍 | 分數 | 範圍 |
|---|---|---|---|---|---|---|---|
| 0 | 0-18 | 3 | 72-141 | 6 | 566-1130 | 9 | 4524-9699 |
| 1 | 19-35 | 4 | 142-283 | 7 | 1131-2262 | | |
| 2 | 36-71 | 5 | 284-565 | 8 | 2263-4523 | | |

注意事項

(A)體細胞數過高（分數大於 6），請注意潛在性乳房炎。
(B)乳脂率偏低（小於 2.8%），請注意飼養管理。
(C)乳蛋白質率偏低（小於 2.8%），請注意飼養管理。
(D)乳產量偏低（小於 10 kg），請注意。
(E)空胎日數過長（空胎日數大於 100 天），請注意妊檢。
(F)配種次數過多（配種次數大於 4 次），請注意配種。

# 實習步驟與方法

1. 參見月報表（表 11-1），左上角之附表爲有關參與乳牛群性能改良計畫牧場之代號、畜主姓名、輔導員之代號與姓名，前次採集乳樣、本次採集乳樣之日期以及中央牛乳檢驗中心乳樣之收件日期。
2. 主表部分可分成 6 大項，自左至右依序爲牛隻身分資料、前 9 個月及本月之產乳資料、自分娩開始至取樣當天之產乳資料、305-2X-ME 與同場同期比較差資料、配種紀錄以及注意事項。泌乳牛群每一頭牛隻之資料於表中占兩橫列，而以實橫線與相鄰牛隻之資料分開。

   (1) 牛隻身分：有兩種編號，一爲該場對其牛隻之編號，另一爲參與乳牛群性能改良計畫（DHI）之統一編號。

   (2) 過去 9 個月及本次採乳樣之體細胞數及乳量之資料：

   a. 這些資料可供飼養者了解各牛隻乳量及乳體細胞數的變化。一牛隻之體細胞數增加則其乳量降低，此等變化可反應飼養管理是否正常。採樣當日乳量可供酪農了解牛群內各牛隻採樣當天之產乳量，作爲餵飼牛隻精料量之參考，以達牛隻日糧能符合其營養需要。

   b. 牛乳中之體細胞來自乳腺組織脫落之上皮細胞及血液中之白血球。牛隻健康時，每一毫升牛乳之體細胞數含量在 20 萬個以下，其數目越少，牛隻之乳房越健康。體細胞數在 20-50 萬個之間者，顯示有潛伏性乳房炎，此等牛隻之乳房雖不必立即治療，卻需做好以下之措施，如擠乳衛生、乳頭藥浴、擠乳機之低壓調整、牛舍之清潔衛生、牛隻乾乳期乳房注入長效性抗生素等。

   (3) 自分娩開始至取樣當天：本欄資料顯示牛群中每頭牛隻的胎次、年齡、前一胎次乾乳日數、分娩日期、分娩後至採樣當天之泌乳天數及累積的乳量、乳蛋白率、乳脂率等。

   a. 乳脂率與乳價有關，荷蘭牛之乳脂率範圍爲 2.5-4.5%，平均值爲 3.5%。乳脂率低於 2.8% 之牛隻，於本報表之注意事項欄內均予以註明，提醒飼養者注意該牛隻之過低乳脂率會影響乳價。

b. 造成乳脂率過低之原因甚多，主要者有兩項，一爲遺傳，一爲飼養管理。產乳量高之牛隻通常其乳脂率低，若某牛之產乳量高，但其乳脂率始終偏低，則應選擇具有高正值之乳脂率遺傳傳遞能力（PTAF%）之冷凍精液與之配種，以提高其後代之乳脂率。如果牛群內有多數牛隻其乳脂率均較上個月下降，則應懷疑爲飼養管理不當所引起，例如：牛隻之芻料供應量不足，或芻料過度之細切。

c. 目前乳蛋白率雖與乳價無直接關係，但卻與牛乳之比重有關。乳蛋白率低下同樣受到遺傳及飼養管理之影響。乳蛋白率可反應飼糧之營養分供應是否平衡，尤其是蛋白質之供應與能量供應間之配合是否適當。

(4) 305-2X-ME：由於牛群中各牛隻的分娩日期、泌乳天數、胎次不同，因此將每頭牛隻的乳量、乳脂量調整成以 305 天泌乳期、每日擠乳 2 次、達到體成熟時的產乳量與乳脂量，以便各牛隻可在相同的標準上比較其產乳能力。

(5) 同場同期比較差：每頭牛的 305-2X-ME 校正乳量與同場內同期間其他牛隻之校正乳量之平均值比較，所得的產乳量或乳脂量之差異值，稱爲同場同期比較差。該差異值如爲越大之正值，表示該母牛之泌乳性能遺傳能力越好，反之，如爲越大之負值則越差。

(6) 配種紀錄：本欄位於表格之右方，記錄每頭牛之配種日期、配種精液、配種次數、預產期、空胎日數等。其中配種精液所記錄者爲公牛之統一編號，以表格中配種精液之第 2 列爲例，014 爲種公牛出自代號爲 014 之種牛場，HO 爲荷蘭牛，07780 則爲該公牛之編號。空胎日數表示本胎次分娩後至配種配上爲止之日數。

(7) 注意事項：本欄位於表格之最右方，將表內各牛隻之產乳性狀作一綜合性之判斷與建議，且以 A、B、C、D 等代號顯示，提供飼養者注意應如何處置各牛隻。代號 A 爲該牛隻體細胞數偏高，應注意潛在性乳房炎。B 表示乳脂率 2.8% 以下，應屬偏低，需注意飼養管理。C 表示乳蛋白率 2.8% 以下，應屬偏低，需注意飼養管理。D 表示乳量偏低，建議由泌乳牛群中移除此牛。

# 實習十二

## 青貯草與乾草製作

# 實習目的

認識牧草保存方法與操作注意事項。

# 原理與背景

當牧草之生產受到天候與季節之影響，爲了維持牛隻有穩定的芻料供應以維持正常生產，需利用牧草調製技術將新鮮牧草進行保存。常見的保存方法包括製作乾草與青貯草。牧草的調製損失狀況如圖 12-1 。乾草的收穫過程中乾物質損失較高，但是青貯草在貯存期間的損失會較高。

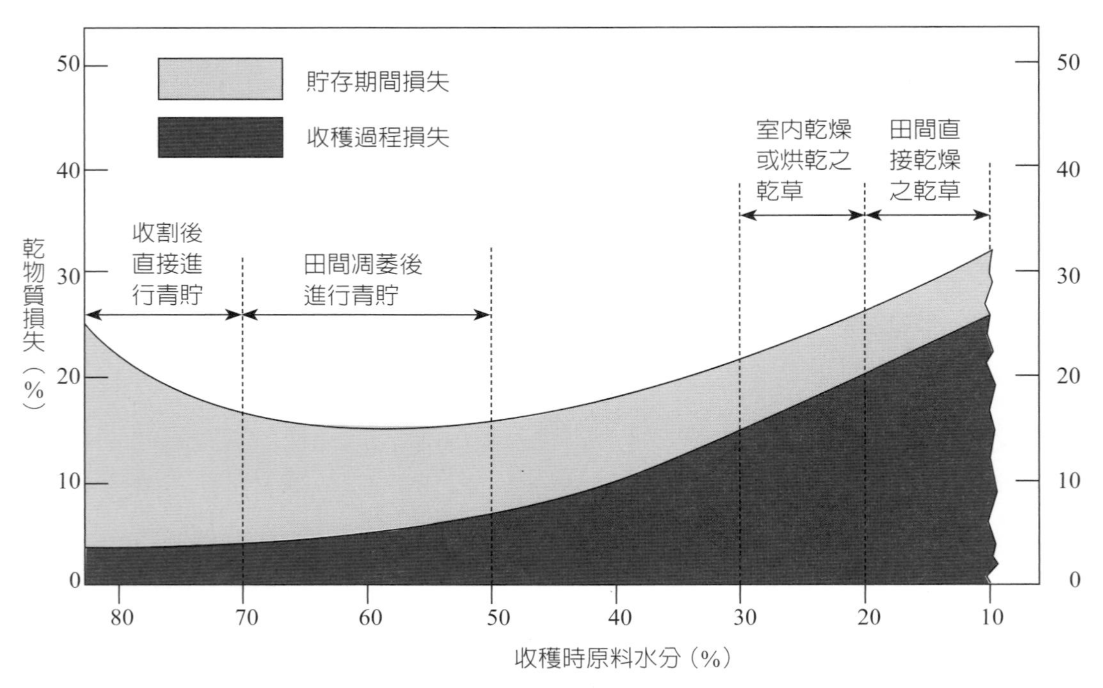


圖 12-1　牧草調製方式區分與調製過程之乾物質損失

# (一)乾草

## 1. 乾草之特性

乾草為牧草去除水分後，具有長期保存性之芻料，乾草經捆包後才方便進行運輸與流通，因此與其他農作物一樣必須有一定品質及規格以利流通。

良質乾草對於仔牛反芻胃之發育及成牛生理機能之正常維持均相當重要。如以青貯料為主體或完全採用青貯料飼養牛隻時，常易引起牛隻排泄軟便，容易汙染牛舍及牛體。適量之乾草利用可改善此狀況外，對於高產泌乳牛而言，在能量需求高但是採食總量有限下，為達到最大的乾物質採食量，使用優質乾草是最佳的芻料來源。

## 2. 乾草製造原理

收割後置於田間之牧草，可由葉面氣孔將水分蒸散於空氣中，因植物表面有角質層可保護植物內部及防止水分蒸散於空氣中，因此收割後牧草若以壓碎機將莖葉壓破以破壞角質層，可促進水分之蒸散效果。乾草調製初期，牧草表面含多量之水蒸氣(水蒸氣壓高)，當周圍空氣乾燥時(水蒸氣壓低)牧草表面水蒸氣即散發至空氣中，直至空氣中之水蒸氣壓與牧草表面之水蒸氣壓達平衡點時，乾燥即停止。收割後置於地面之牧草，因表層部位乾燥快，翻草可促進乾燥速度。但當表層與底層水分含量無差異時，翻草之效果則不顯著。一般而言，乾燥初期表、底層水分差在 10%，後期在 5% 左右時翻草之效果良好。

牧草之纖維素及半纖維素為富吸溼性之物質，纖維素可吸收本身約二分之一重量之水分，半纖維素則可吸收與本身同等重量之水分。因此當環境溼度高時，乾草在貯存期間之含水量會增加，反之，氣候乾燥時貯藏乾草之水分含量會降低。吸溼性物質之水分含量，常與周圍水蒸氣壓保持平衡互動關係，達此平衡點時之水分含量為平衡水分。平衡水分在豆科牧草較禾本科牧草為高，而生長較晚期之牧草平衡水分較低，因此在生長期較早時收割的牧草，營養價值較高，但是其乾草貯藏時易提高水分而容易產生發熱、發霉現象。

# （二）青貯草

## 1. 青貯原理與特性

青貯是利用厭氧發酵作用產生酸來保存芻料的方法，立即將青割芻料置於密閉容器內，藉乳酸菌的厭氧發酵過程調製而成。水溶性碳水化合物是影響青貯品質最重要的因素。常見的芻料作物中，以青割玉米因含有較高的水溶性碳水化合物，所以其青貯品質最佳。與乾草相比，青貯可保存更多養分且田間損失較低，可提高收穫季節彈性，使勞力利用較有效率。

## 2. 青貯發酵分期與影響因素

青貯發酵之主要控制因素包括牧草水分含量、切細程度、空氣排出程度、新鮮牧草碳水化合物含量、發酵期間菌群狀況。理想的青貯材料水分含量約在 65%，但是許多青割草原料的水分都超過 75%，因此可利用田間凋萎之方法降低水分。青貯製作程序與發酵過程之產物變化特性如圖 12-2。

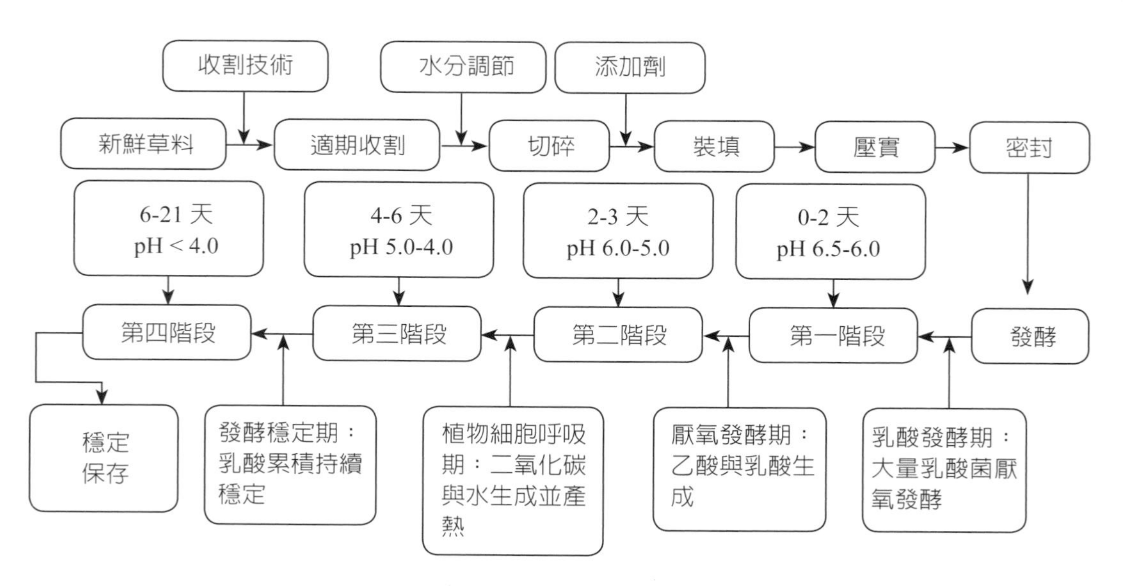


圖 12-2　青貯調製流程與各階段發酵產物特徵

## 3. 青貯原料之選擇

(1) 原料成熟度與水分：成熟度上，若爲禾本科牧草，應在抽穗前採收，若爲子實作物，宜在子實達生理成熟時採收。但是玉米青貯原料之採收，宜在黃熟期子粒產生凹陷後採收，此時植株水分約爲 65-70%，最適合青貯製作。原料的含水量應在 65-75% 之間爲佳，原料含水量過多，則在製造過程中含有滲出液產生，且會引起丁酸發酵，造成腐敗。含水量過少（約在 50% 以下），會因爲原料膨鬆度過高，造成壓實不易、空隙太大、空氣排除不足等問題，導致發酵不完全，此時蛋白質分解過度，造成較多氨氣產生。當原料含水量低於 45% 時，所製成之產品稱爲半乾青貯（Haylage），在天候限制無法完成乾草製作的狀況時，是另一種芻料貯存的選擇方式，但其發酵掌控需多加留意。青貯水分低於 50% 時，會出現過熱、褐化反應，造成營養成分損失。而水分高於 70% 時，滲出液流失多、成品中丁酸及氨產量提高，會降低適口性。

(2) 原料之碳 / 氮比（C/N Ratio）：原料之碳 / 氮比，爲植株之無氮抽出物與粗蛋白質含量之比值（Nitrogen Free Extract / Crude Protein, NFE/CP）。原料之 NFE/CP 在 8/1-20/1 間進行青貯成功率較高。製作青貯時之 NFE 不宜低於原料鮮重之 2%，主要因能量不足會使發酵產酸能力變差。一般溫帶牧草 NFE 約占乾物質的 13-16%，熱帶牧草約 4-6%。若原料 NFE/CP 過高，會因蛋白質不足，細菌繁殖效果差。而 NFE/CP 過低則會因蛋白質過量，氨產生量增加，造成適口性降低。調節方法可利用豆科及禾本科牧草作混合，或添加其他基質。

(3) 改善青貯品質之方法：添加有機酸（可添加甲酸），快速使 pH 值降至理想範圍。也可添加乳酸菌加速青貯進行良好發酵。當可溶性碳水化合物明顯不足時，可藉由添加糖蜜來提高可溶性糖的濃度，以維持乳酸菌生長使用。

## 4. 青貯成品品質之感官判斷

(1) 顏色：色澤以青貯材料相近者爲最佳，顏色變黃者差，而變成黑色者爲劣質成品。由顏色判定而將青貯料分類如：

a. 甘性青貯料：草色淡褐，品質優良。

b. 酸性青貯料：草色淡褐及黃褐，品質良好。

c. 丁酸性青貯料：草色濃褐或橄欖色，品質較差。

d. 微酸性青貯料：草色黑褐，品質最劣。

(2) 風味：良好之青貯料稍具酒香，只有酸味而無香氣者次之。若無發酵味及臭味則屬發酵不完全，品質較差，出現臭味及氨氣味者品質最差。

(3) 味道：具有可口酸味者最佳，味苦者表示丁酸累積量較多，則品質差。已變黑色時即可判斷為品質低劣之青貯。

(4) 質地：在青貯容器中呈緊密狀態，但取出後即能散開者為佳，取出後若呈現爛泥狀，表示成品水分過多。

## 5. 發酵產物

青貯中主要發酵產物應為乳酸，青貯水分較低時，乳酸的產量會略低。丁酸濃度提高時表示出現二次發酵，使乳酸轉為丁酸，造成能量損失與成品適口性下降。青貯的成品中發酵產物正常濃度範圍如表 12-1。

表 12-1　不同種類青貯之發酵產物濃度範圍

| 發酵產物 | 豆科青貯（DM 30-40%） | 禾本科青貯（DM 30-35%） | 玉米青貯（DM 30-40%） |
|---|---|---|---|
| pH | 4.3-4.7 | 4.3-4.7 | 3.7-4.2 |
| 乳酸（%） | 7-8 | 6-10 | 4-7 |
| 乙酸（%） | 2-3 | 1-3 | 1-3 |
| 丙酸（%） | < 0.5 | < 0.1 | < 0.1 |
| 丁酸（%） | < 0.5 | 0.5-1.0 | 0 |
| 乙醇（%） | 0.2-1.0 | 0.5-1.0 | 1-3 |
| 氨態氮（% CP） | 10-15 | 8-12 | 5-7 |

DM= 乾物質；CP= 粗蛋白。

資料來源：Kung and Muck. 2017. Silage harvesting and storage. In Large Dairy Herd Management.

# 實習材料與器具

1. 青貯原料鮮草（禾本科爲主）。
2. 割草機。
3. 切草機。
4. 青貯用容器。
5. 青貯添加劑（接種用菌粉或糖蜜）。
6. pH 值試紙或 pH 計。

# 實習步驟

## （一）乾草製作

### 1. 原料草之收割

當牧草尚未完全成熟，即開花早期時，以割草機進行收割，因葉片所含之養分高於莖部，此時應避免葉片脫落過多，造成養分損失。若爲玉米青貯，則需注意穀粒部位成熟度，使原料有足夠量的水溶性碳水化合物、最高的營養價值、可接受的纖維及澱粉。

### 2. 曝晒

牧草收割後先置於原地，在炎熱晴朗、乾燥之天氣中自然乾燥 2-3 天。此時應注意突然降雨造成潮溼，導致乾草發霉與養分流失，也應避免曝晒過度而破壞胡蘿蔔素。

### 3. 翻草

在曝晒過程中，需用已將圓轉耙方向改向外轉的集草機來翻草，將下層牧草打至表面，以加快乾燥速度。

### 4. 集草

以集草機進行。

### 5. 捆包

用打捆機或牧草包裝機將已收集好的乾草加以打包。使用膠膜進行包裹可有效防止水分滲入已晒乾之牧草。

### 6. 倉儲

將打包成捆的乾草運至倉庫貯存，避免潮溼淋雨。

## （二）青貯製作

### 1. 容器選定

(1) 青貯槽及青貯壕：二者之差別在於青貯槽爲長形，前後開放，且兩壁築在地面上，而青貯壕爲單一開口式的壕溝狀，依山坡地形掘於地面下。二者皆爲底部窄上部寬，方便利用重力增加排出之空氣以利達成無氧環境（圖 12-1）。
青貯槽及青貯壕之寬度應爲所使用曳引機或卡車輪距的兩倍，以利於一邊充填一邊進行壓實。
兩壁應下窄上寬，如圖 12-1，且向外傾斜約 25°。
兩壁連同底面宜先用鵝卵石瓷磚堆砌，再敷上 30 公分厚的水泥。
底面需中間高而四面低，以利排水。

(2) 塑膠青貯穴：直接在地面挖掘一個長：寬：深約爲 2：1：1 之溝穴，再以厚塑膠布鋪設而成，此方式適合小型農場使用。

圖 12-1　青貯槽

圖 12-2　香腸式青貯袋

(3) 香腸式青貯袋：可依照所需用量與製作場地進行調整青貯量，配合機械裝填，作業速率快，且因其所使用之青貯袋膠膜較厚、不易破損，有助於降低發酵中損失率（圖 12-2）。

(4) 青貯桶：依照需求選擇可密封之塑膠桶進行，使用前需清洗並晾乾。小量青貯或是測試時可使用。

## 2. 原料準備

(1) 依照可取得之原料鮮草進行，挑選適當成熟度之牧草，若原料牧草水分過高，可於收割後置於田間進行凋萎後再進行操作。收集原料與製作青貯需避開雨天，以免增加青貯過程汙染與黴變發生機會。

(2) 盤固草或尼羅草為栽種 6-8 週適期收穫，若置於田間可凋萎至水分含量 50-55%，進行半乾青貯調製。但需注意盤固草不易細切，充填較不易。狼尾草水分含量較高，可添加麩皮、玉米粉等以調整水分，其收穫時間最好在充足日照之後，收穫後避免堆積並盡快青貯。青割玉米的適期收穫是確保其青貯成功的重要因素，如無法適期收穫，應注意水分調整。農副產物（如蔗渣、酒粕、豆藤等）較少單獨青貯，多與其他牧草混合調製，需注意水分含量控制在 70% 以下，若青貯材料含粗蛋白量較高時，可與含糖量較高之材料（青割玉米）進行混合青貯。

(3) 牧草切碎程度會影響青貯結果，青貯時使用之片段大小約為 1-2 公分，但低莖禾本科牧草（例如：盤固草）因切短不易，片段可能會較長。當片段過長，青貯裝填時不易壓緊，易殘留空氣造成厭氧發酵不佳。

## 3. 製作流程

製作程序如下：

選定容器→選擇原料→切草→拌合→充填與壓實→密封→成品檢驗。

(1) 水分調整：理想青貯料的水分約在 65%，因此在拌合階段，對於水分含量過高的原料，可利用低水分的其他原料，進行乾物質調整，調整計算可利用方格法計算。若使用乾物質 15% 之狼尾草原料，要使用玉米粉（乾物質 89%）調整成最終乾物質為 30% 來進行青貯時，狼尾草 (A) 與玉米粉 (B) 的混合比例如下計算：

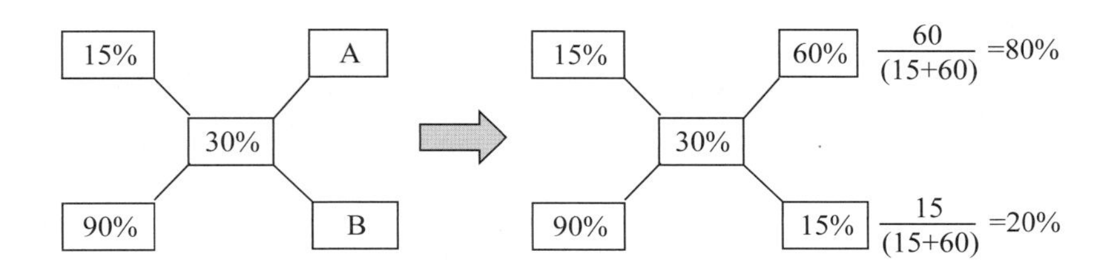


方格中之 90% 爲玉米粉之乾物質比例，15% 爲新鮮狼尾草乾物質比例。計算狼尾草與玉米粉在調製充填的比例時，以原料乾物質與預計調整達到的目標乾物質相減之絕對值來計算，可得狼尾草的使用比例是 A = |90 − 30 |= 60，玉米粉的使用比例是 B = |15 − 30| = 15。因此實際混合時的新鮮狼尾草用量百分比爲 [60÷(15 + 60)]×100% = 80%，玉米粉的用量百分比爲 [15÷(15 + 60)]×100% = 20% 。因此要以調整爲 30% 乾物質比例進行 1 公噸的青貯時，需加入 800 公斤的新鮮狼尾草與 200 公斤的玉米粉進行混合。

(2) 充填與壓實：此項操作非常重要，裝填至一定高度後需先擠壓排氣，並加入後續添加原料。裝填時間越短越好，大量製備時可利用曳引機於堆積後進行來回鎮壓，有效排出空氣。

(3) 密封：密封的目的在於防止貯存過程中，外部空氣與雨水進入青貯環境，使原料盡快進入厭氧發酵過程。使用青貯槽或青貯壕時，需先在上方蓋上一層塑膠布，再利用重物壓實，對青貯槽壁位置要加強鎮壓與密封。

3. 青貯評分

(1) 青貯成品評分可由乾物質含量與 pH 值計算進行計算評分（Flieg Score）：

Flieg Score = 220 + (2× 乾物質 % – 15) – 40×pH

計算得分分級：81-100 優；61-80 良；41-60 可；21-40 差；0-20 極差。

(2) 若能分析青貯中的有機酸濃度，亦可利用測定 pH 值、乙酸、丁酸及乳酸含量之結果，依其比例以 Flieg 氏評分點評定青貯料品質。使用青貯品質評分表（表 12-2）進行綜合分數計算。

表 12-2　青貯品質評分表

| 占總酸比例 | 計分 | | | 占總酸比例 | 計分 | | |
|---|---|---|---|---|---|---|---|
| （%） | 乳酸 | 乙酸 | 丁酸 | （%） | 乳酸 | 乙酸 | 丁酸 |
| 0-0.1 | 0 | 25 | 50 | 28.1-30.0 | 5 | 20 | 10 |
| 0.2-0.5 | 0 | 25 | 48 | 30.1-32.0 | 6 | 19 | 9 |
| 0.6-1.0 | 0 | 25 | 45 | 32.1-34.0 | 7 | 18 | 8 |
| 1.1-1.6 | 0 | 25 | 43 | 34.1-36.0 | 8 | 17 | 7 |
| 1.7-2.0 | 0 | 25 | 40 | 36.1-38.0 | 9 | 16 | 6 |
| 2.1-3.0 | 0 | 25 | 38 | 38.1-40.0 | 10 | 15 | 5 |
| 3.1-4.0 | 0 | 25 | 37 | 40.1-42.0 | 11 | 14 | 4 |
| 4.1-5.0 | 0 | 25 | 35 | 42.1-44.0 | 12 | 13 | 3 |
| 5.1-6.0 | 0 | 25 | 34 | 44.1-46.0 | 13 | 12 | 2 |
| 6.1-7.0 | 0 | 25 | 33 | 46.1-48.0 | 14 | 11 | 1 |
| 7.1-8.0 | 0 | 25 | 32 | 48.1-50.0 | 15 | 10 | 0 |
| 8.1-9.0 | 0 | 25 | 31 | 50.1-52.0 | 16 | 9 | –1 |
| 9.1-10.0 | 0 | 25 | 30 | 52.1-54.0 | 17 | 8 | –2 |
| 10.1-12.0 | 0 | 25 | 28 | 54.1-56.0 | 18 | 7 | –3 |
| 12.1-14.0 | 0 | 25 | 26 | 56.1-58.0 | 19 | 6 | –4 |
| 14.1-16.0 | 0 | 25 | 24 | 58.1-60.0 | 20 | 5 | –5 |
| 16.1-18.0 | 0 | 25 | 22 | 60.1-62.0 | 21 | 0 | –10 |
| 18.1-20.0 | 0 | 25 | 20 | 62.1-64.0 | 22 | 0 | –10 |
| 20.1-22.0 | 1 | 24 | 18 | 64.1-66.0 | 23 | 0 | –10 |
| 22.1-24.0 | 2 | 23 | 16 | 66.1-68.0 | 24 | 0 | –10 |
| 24.1-26.0 | 3 | 22 | 14 | 68.1-70.0 | 25 | 0 | –10 |
| 26.1-28.0 | 4 | 21 | 12 | >70.0 | 25 | 0 | –10 |

各種有機酸占總酸的比例按照毫克當量（mEq）計算，樣品中有機酸百分含量與毫克當量的換算係數：乳酸（mEq）＝乳酸（%）×11.105；乙酸（mEq）＝乙酸（%）×16.658；丁酸（mEq）＝丁酸（%）×11.356。

(3) 玉米青貯也可由作物品質與保存狀況進行評比，項目與配分可參考表 12-3。

表 12-3　玉米青貯料評分單

| 內容（分數範圍） | 給分 |
|---|---|
| 一、作物品質（50%）——以穀物含量為評分之基礎 | |
| （一）玉米穀物／莖葉之比值高 | 46-50 |
| （二）玉米穀物／莖葉之比值中 | 36-45 |
| （三）玉米穀物／莖葉之比值低 | 26-35 |
| （四）無（玉米穗還沒發育或已被摘除） | 20-25 |
| 二、保存（50%）——以顏色及風味為評分之基礎 | |
| （一）顏色（25%） | |
| 1. 優良——自然綠或黃綠色 | 21-25 |
| 2. 接受——黃綠色至淡褐色，有些微黴點出現 | 11-20 |
| 3. 不良——深褐色或黑色（顯示發酵溫度過熱或腐敗）；顏色白色及灰色（顯示過度發霉） | 5-10 |
| （二）風味（25%） | |
| 1. 優良——令人愉快之氣味而無腐敗味 | 21-25 |
| 2. 接受——有酵母及水果味（顯示有些微不正確的發酵）；燒焦味、甜味、焦糖味、發霉味（顯示發酵過程中未擠壓結實，而有過多之空氣）；濃酸味（顯示青貯槽原料水分含量高） | 11-20 |
| 3. 不良——強烈燒焦味（代表發酵溫度過熱）；臭味（代表不正確發酵）；有強烈發霉味並且到處可見很多的發霉處 | 5-10 |
| 總分 | 100 |

* 總分：90-100 分為優良；76-89 分為好；60-75 分為不良；60 分以下為劣。
資料來源：McVickar (1974)。

# 討論與問題

1. 青貯製作過程中，爲何需盡量壓實以排出內部之空氣？
2. 在高溫多溼的環境下，收穫牧草進行貯存時，應製作乾草或是製作青貯較有利？
3. 請以植物特性、營養成分以及青貯發酵之要求，說明青貯玉米爲何是一種理想的青貯原料。

# 實習十三

## 乳牛均衡飼糧計算與配製

# 實習目的

練習乳牛均衡飼糧的計算原理與方法。

# 原理與背景

營養平衡之日糧，是指每種營養分供給都達到該牛隻維持及工作所需，使泌乳牛身體健康、充分發揮其泌乳性能，並且正常繁殖。要製作有效的平衡日糧，必須先確認牛隻的乾物採食量、牛隻營養需要量及所使用飼料的成分與成本。

乾物質採食量，指牛隻每天可以吃得下的日糧乾物重。在臺灣的夏季，熱與溼的緊迫使泌乳牛乾物採食量明顯滑落，泌乳量也隨之滑落，因此本次平衡日糧製作時，將涼熱季分開計算，除了盡可能降低熱季所需的採食量外，同時也降低熱季時的乳脂率，主要方法爲提高熱季日糧精料比例、提高高品質牧草的比例，並使用高濃度的保護性脂肪等，另在涼爽季節則提高日糧牧草比例來恢復瘤胃健康。爲減緩乾物採食量及泌乳量的降低幅度，夏季飼養管理必須調整。餵飼工作應集中到較涼爽時段，包括黃昏到隔日清晨及 2 次擠乳後，並增加餵飼次數；中高產牛特別需要注意精料餵飼的少量多餐原則（不論涼熱季），餵精料前可先補充少量高品質牧草，促進咀嚼與反芻活動；牧草與副產物原則上分爲每日餵飼 2 次，而清潔飲水也需注意隨時供應。

反芻動物對於飼糧蛋白質的消化與利用，與單胃動物完全不同，反芻動物採食的粗蛋白質中，除了非蛋白氮（Non-protein Nitrogen, NPN）外，眞蛋白質（True Protein）部分，又可分成瘤胃可降解蛋白質（Rumen Degradable Protein, RDP）與瘤胃不可降解蛋白質（Rumen Undegradable Protein, RUP）。瘤胃可降解蛋白質的水溶性較高，會在瘤胃內被分解爲胺基酸，進而分解爲氨，可提供瘤胃微生物進行微生物蛋白質（Microbial Crude Protein, MCP）合成使用。反芻動物採食之飼糧粗蛋白質中，實際上能夠離開瘤胃到達小腸提供動物本身吸收利用的蛋白質，來自飼糧中的瘤胃不可降解蛋白質（RUP）與微生物蛋白質（MCP）。一般建議反芻動物飼糧中蛋白質之RDP（可降解）：RUP（不可降解）的比例約在6：4時，會有助於提升小腸部位可代謝蛋白質總量。

本實習主要說明乳牛配方計算的基本原則與計算方法，先由能量、蛋白質與主要礦物質的需求來練習建立乳牛營養需求資料，由此需求量利用常見原料來計算配方，以建立基礎的乳牛均衡飼糧配製能力。

# 實習材料與器具

1. 乳牛營養需要量手冊：建議以美國國家研究院（The National Research Council, NRC）之 *Nutrient Requirements of Dairy Cattle* 爲準。
2. 飼料成分手冊（可使用符合現況的飼料成分表）。
3. 配方工作表。
4. 計算機。

# 實習步驟與方法

## （一）所需使用資料與表格

1. 牛隻每日營養需要量表（表13-1）。
2. 泌乳牛最大乾基採食量表（表13-2）。
3. 飼糧原料成分表（表13-3）。
4. 礦物質補充料成分表（表13-4）。
5. 飼糧配方工作表（表13-5）。

表 13-1　牛隻每日營養需要量表

| 體重 | 能量 | | | | 粗蛋白質 | 礦物質 | | 維生素 | |
|---|---|---|---|---|---|---|---|---|---|
| | 泌乳淨能 | 代謝能 | 消化能 | 總可消化養分 | | 鈣 | 磷 | A | D |
| (kg) | (Mcal) | (Mcal) | (Mcal) | (Mcal) | (g) | (g) | (g) | (1,000 IU) | |
| 成熟泌乳牛的維持 | | | | | | | | | |
| 400 | 7.16 | 12.01 | 13.80 | 3.13 | 3.18 | 16 | 11 | 30 | 12 |
| 450 | 7.82 | 13.12 | 15.08 | 3.42 | 341 | 18 | 13 | 34 | 14 |
| 500 | 8.46 | 14.20 | 16.32 | 3.70 | 364 | 20 | 14 | 38 | 15 |
| 550 | 9.09 | 15.25 | 17.53 | 3.97 | 386 | 22 | 16 | 42 | 17 |
| 600 | 9.70 | 16.28 | 18.71 | 4.24 | 406 | 24 | 17 | 46 | 18 |
| 650 | 10.30 | 17.29 | 19.86 | 4.51 | 428 | 26 | 19 | 49 | 20 |
| 700 | 10.89 | 18.28 | 21.00 | 4.76 | 449 | 28 | 20 | 53 | 21 |
| 750 | 11.47 | 19.25 | 22.12 | 5.02 | 468 | 30 | 21 | 57 | 23 |
| 800 | 12.03 | 20.20 | 23.12 | 5.26 | 486 | 32 | 23 | 61 | 24 |
| 乾乳牛的維持和懷孕（懷孕的最後 2 個月） | | | | | | | | | |
| 400 | 9.30 | 15.26 | 18.23 | 4.15 | 890 | 26 | 16 | 30 | 12 |
| 450 | 10.16 | 16.66 | 19.91 | 4.53 | 973 | 30 | 18 | 34 | 14 |
| 500 | 11.00 | 18.04 | 21.55 | 4.90 | 1,053 | 33 | 20 | 38 | 15 |
| 550 | 11.81 | 19.37 | 23.14 | 5.27 | 1,131 | 36 | 22 | 42 | 17 |
| 600 | 12.61 | 20.68 | 24.71 | 5.62 | 1,207 | 39 | 24 | 46 | 18 |
| 650 | 13.39 | 21.96 | 26.23 | 5.97 | 1,281 | 43 | 26 | 49 | 20 |
| 700 | 14.15 | 23.21 | 27.73 | 6.31 | 1,355 | 46 | 28 | 53 | 21 |

（續下頁）

| 體重 | 能量 | | | | 粗蛋白質 | 礦物質 | | 維生素 | |
|---|---|---|---|---|---|---|---|---|---|
| | 泌乳淨能 | 代謝能 | 消化能 | 總可消化養分 | | 鈣 | 磷 | A | D |
| (kg) | (Mcal) | (Mcal) | (Mcal) | (Mcal) | (g) | (g) | (g) | (1,000 IU) | |
| 750 | 14.90 | 24.44 | 29.21 | 6.65 | 1,427 | 49 | 30 | 57 | 23 |
| 800 | 15.64 | 25.66 | 30.65 | 6.98 | 1,491 | 53 | 32 | 61 | 24 |
| 乳產量——依乳脂率的不同，每產 1 公斤的營養需要量 | | | | | | | | | |
| 乳脂率（%） | | | | | | | | | |
| 3.0 | 0.64 | 1.07 | 1.23 | 0.28 | 78 | 2.73 | | - | - |
| 3.5 | 0.69 | 1.15 | 1.33 | 0.30 | 84 | 2.97 | | - | - |
| 4.0 | 0.74 | 1.24 | 1.42 | 0.32 | 90 | 3.21 | | - | - |
| 4.5 | 0.78 | 1.32 | 1.51 | 0.34 | 96 | 3.45 | | - | - |
| 5.0 | 0.83 | 1.40 | 1.61 | 0.36 | 101 | 3.69 | | - | - |
| 5.5 | 0.88 | 1.48 | 1.70 | 0.39 | 107 | 3.93 | | - | - |
| 泌乳期每公斤體重變化營養分的增減量 | | | | | | | | | |
| 失重 | –4.92 | –8.28 | –9.55 | –2.17 | –320 | - | - | - | - |
| 增重 | 5.12 | 8.55 | 9.96 | 2.26 | 320 | - | - | - | - |

資料來源：Nutrient Requirements of Dairy Cattle. 1988 (NRC).

表 13-2　泌乳牛最大乾基採食量表

| 4% 乳脂校正<br>乳產量（kg/ 天） | 體重（kg） | | | | |
|---|---|---|---|---|---|
| | 400 | 500 | 600 | 700 | 800 |
| | 最大乾物質採食量占體重 % | | | | |
| 10 | 2.5 | 2.3 | 2.2 | 2.1 | 2.0 |
| 15 | 2.8 | 2.5 | 2.4 | 2.3 | 2.2 |
| 20 | 3.1 | 2.8 | 2.7 | 2.6 | 2.4 |
| 25 | 3.4 | 3.1 | 3.0 | 2.8 | 2.6 |
| 30 | 3.7 | 3.4 | 3.2 | 3.0 | 2.8 |
| 35 | 4.0 | 3.6 | 3.4 | 3.2 | 3.0 |
| 40 | - | 3.8 | 3.6 | 3.4 | 3.2 |
| 45 | - | 4.0 | 3.8 | 3.6 | 3.4 |

資料來源：Nutrient Requirements of Dairy Cattle. 1988 (NRC).

## 表 13-3 常用乳牛飼糧原料成分表

| 原料 | 乾物質 % | 可消化總養分 % | 維持淨能 Mcal/kg | 生長淨能 Mcal/kg | 泌乳淨能 Mcal/kg | 粗蛋白質 % | 瘤胃不可降解蛋白質占粗蛋白 % | 酸洗纖維 % | 中洗纖維 % | 有效中洗纖維 % | 粗脂肪 % | 灰分 % | 鈣 % | 磷 % | 鉀 % | 氯 % | 硫 % | 鋅 ppm |
|---|---|---|---|---|---|---|---|---|---|---|---|---|---|---|---|---|---|---|
| **芻料** | | | | | | | | | | | | | | | | | | |
| 苜蓿塊 | 91 | 57 | 1.26 | 0.55 | 1.26 | 18 | 30 | 36 | 46 | 40 | 2 | 11 | 1.30 | 0.23 | 1.9 | 0.37 | 0.33 | 20 |
| 青割苜蓿 | 24 | 61 | 1.37 | 0.68 | 1.34 | 19 | 18 | 34 | 46 | 41 | 3 | 9 | 1.35 | 0.27 | 2.6 | 0.40 | 0.29 | 18 |
| 苜蓿乾草，早花期 | 90 | 59 | 1.30 | 0.62 | 1.30 | 19 | 20 | 35 | 45 | 92 | 3 | 8 | 1.41 | 0.26 | 2.5 | 0.38 | 0.28 | 22 |
| 苜蓿乾草，中花期 | 89 | 58 | 1.28 | 0.57 | 1.28 | 17 | 23 | 36 | 47 | 92 | 2 | 9 | 1.40 | 0.24 | 2.0 | 0.38 | 0.27 | 24 |
| 苜蓿乾草，盛花期 | 88 | 54 | 1.19 | 0.44 | 1.19 | 16 | 25 | 40 | 52 | 92 | 2 | 8 | 1.20 | 0.23 | 1.7 | 0.37 | 0.25 | 23 |
| 苜蓿乾草，成熟 | 88 | 50 | 1.10 | 0.26 | 1.08 | 13 | 30 | 45 | 59 | 92 | 1 | 8 | 1.18 | 0.19 | 1.5 | 0.35 | 0.21 | 23 |
| 苜蓿青貯 | 30 | 55 | 1.21 | 0.46 | 1.21 | 18 | 19 | 37 | 49 | 82 | 3 | 9 | 1.40 | 0.29 | 2.6 | 0.41 | 0.29 | 26 |
| 苜蓿青貯，田間凋萎 | 39 | 58 | 1.28 | 0.57 | 1.28 | 18 | 22 | 37 | 49 | 82 | 3 | 9 | 1.40 | 0.29 | 2.6 | 0.41 | 0.29 | 26 |
| 百喜草（巴喜亞）乾草 | 90 | 53 | 1.17 | 0.40 | 1.17 | 6 | 37 | 41 | 72 | 98 | 2 | 7 | 0.47 | 0.20 | 1.4 | | 0.21 | |
| 大麥乾草 | 90 | 57 | 1.26 | 0.55 | 1.26 | 9 | 30 | 37 | 65 | 98 | 2 | 8 | 0.30 | 0.28 | 1.6 | | 0.19 | 25 |
| 大麥青貯 | 35 | 59 | 1.28 | 0.57 | 1.28 | 12 | 22 | 37 | 58 | 61 | 3 | 9 | 0.46 | 0.30 | 2.4 | | 0.22 | 28 |
| 大麥青貯，成熟 | 35 | 58 | 1.28 | 0.57 | 1.28 | 12 | 25 | 34 | 50 | 61 | 4 | 9 | 0.30 | 0.20 | 1.5 | | 0.15 | 25 |
| 大麥稈 | 90 | 44 | 0.97 | 0.02 | 0.95 | 4 | 70 | 55 | 78 | 100 | 2 | 7 | 0.32 | 0.08 | 2.2 | 0.67 | 0.16 | 7 |
| 百慕達草（海岸）脫水 | 90 | 62 | 1.39 | 0.73 | 1.39 | 16 | 40 | 29 | 40 | 10 | 4 | 7 | 0.40 | 0.25 | 1.8 | 0.72 | 0.23 | 18 |
| 百慕達草（海岸）乾草 | 89 | 56 | 1.23 | 0.51 | 1.23 | 10 | 15 | 36 | 73 | 98 | 2 | 6 | 0.47 | 0.21 | 1.5 | 0.70 | 0.22 | 16 |
| 百慕達乾草 | 89 | 53 | 1.17 | 0.40 | 1.17 | 10 | 15 | 37 | 72 | 98 | 2 | 8 | 0.46 | 0.20 | 1.5 | 0.70 | 0.25 | 31 |
| 百慕達青貯 | 26 | 50 | 1.10 | 0.26 | 1.08 | 10 | 14 | 35 | 71 | 48 | 2 | 8 | 0.46 | 0.20 | 1.5 | 0.72 | 0.25 | 31 |
| 鳥足擬三葉草青割 | 22 | 66 | 1.50 | 0.84 | 1.48 | 21 | 20 | 31 | 47 | 41 | 4 | 9 | 1.78 | 0.25 | 2.6 | | 0.25 | 31 |
| 鳥足擬三葉草乾草 | 89 | 57 | 1.26 | 0.55 | 1.26 | 16 | 22 | 38 | 50 | 92 | 2 | 8 | 1.73 | 0.24 | 1.8 | | 0.25 | 28 |
| 肯德基藍草青割，早花期 | 36 | 69 | 1.57 | 0.95 | 1.54 | 15 | 20 | 32 | 60 | 41 | 4 | 7 | 0.37 | 0.30 | 1.9 | 0.42 | 0.19 | 25 |
| 藍草稈 | 93 | 45 | 0.99 | 0.07 | 0.97 | 6 | | 50 | 78 | 90 | 1 | 6 | 0.20 | 0.10 | | | | |

（續下頁）

| 原料 | 乾物質 % | 可消化總養分 % | 維持淨能 Mcal/kg | 生長淨能 Mcal/kg | 泌乳淨能 Mcal/kg | 粗蛋白質 % | 瘤胃不可降解蛋白質占粗蛋白 % | 酸洗纖維 % | 中洗纖維 % | 有效中洗纖維 % | 粗脂肪 % | 灰分 % | 鈣 % | 磷 % | 鉀 % | 氯 % | 硫 % | 鋅 ppm |
|---|---|---|---|---|---|---|---|---|---|---|---|---|---|---|---|---|---|---|
| 玉米穗軸 | 90 | 54 | 1.04 | 0.48 | 0.99 | 3 | 30 | 39 | 88 | 56 | 1 | 2 | 0.10 | 0.06 | 0.9 | | 0.07 | 11 |
| 青貯玉米，未熟，乾物質<25% | 24 | 66 | 1.48 | 0.89 | 1.36 | 10 | 32 | 34 | 54 | 81 | 3 | 5 | 0.29 | 0.24 | 1.3 | 0.30 | 0.14 | 29 |
| 青貯玉米，適割，乾物質 32-38% | 35 | 69 | 1.57 | 0.97 | 1.45 | 9 | 35 | 28 | 45 | 81 | 3 | 4 | 0.28 | 0.26 | 1.2 | 0.29 | 0.14 | 24 |
| 青貯玉米，成熟，乾物質>40% | 44 | 65 | 1.46 | 0.87 | 1.35 | 9 | 41 | 28 | 45 | 81 | 3 | 4 | 0.26 | 0.25 | 1.1 | 0.17 | 0.10 | 23 |
| 狼尾草乾草，切碎 | 92 | 55 | 1.21 | 0.46 | 1.19 | 9 | 30 | 46 | 63 | 85 | 2 | 10 | 0.35 | 0.30 | 1.3 | | 0.10 | |
| 狼尾草青割 | 19 | 55 | 1.08 | 0.52 | 1.18 | 8 | 44 | 40 | 65 | 98 | 2 | 9 | 0.54 | 0.20 | 1.3 | | 0.10 | |
| Fescue KY 31，新鮮 | 29 | 64 | 1.43 | 0.79 | 1.43 | 15 | 20 | 32 | 64 | 40 | 6 | 9 | 0.48 | 0.37 | 2.5 | | 0.18 | 22 |
| 羊茅 KY 31 乾草，早熟 | 88 | 60 | 1.32 | 0.66 | 1.32 | 18 | 22 | 31 | 64 | 98 | 7 | 8 | 0.48 | 0.36 | 2.6 | | 0.27 | 24 |
| 羊羔 KY 31 乾草，成熟 | 88 | 52 | 1.15 | 0.35 | 1.12 | 11 | 26 | 42 | 73 | 98 | 5 | 6 | 0.45 | 0.26 | 1.7 | | 0.14 | 22 |
| 羊茅（紅）稻草 | 94 | 43 | 0.97 | 0.00 | 0.90 | 4 | | | | | 1 | 6 | 0.00 | 0.06 | | | | |
| 禾本草乾草（C3 型混合平均） | 88 | 58 | 1.28 | 0.57 | 1.28 | 10 | 30 | 41 | 63 | 98 | 3 | 6 | 0.60 | 0.21 | 2.0 | | 0.20 | 28 |
| 禾本科青貯（C3 型混合平均） | 30 | 61 | 1.37 | 0.68 | 1.34 | 11 | 24 | 39 | 60 | 61 | 3 | 8 | 0.70 | 0.24 | 2.1 | | 0.22 | 29 |
| 燕麥乾草 | 90 | 54 | 1.19 | 0.44 | 1.19 | 10 | 25 | 39 | 63 | 98 | 2 | 8 | 0.40 | 0.27 | 1.6 | 0.42 | 0.21 | 28 |
| 燕麥青貯 | 35 | 60 | 1.32 | 0.66 | 1.32 | 12 | 21 | 39 | 59 | 61 | 3 | 10 | 0.34 | 0.30 | 2.4 | 0.50 | 0.25 | 27 |
| 燕麥稈 | 91 | 48 | 1.06 | 0.20 | 1.04 | 4 | 40 | 48 | 73 | 98 | 2 | 8 | 0.24 | 0.07 | 2.5 | 0.78 | 0.22 | 6 |
| 果園草青割，早花期 | 24 | 65 | 1.46 | 0.82 | 1.46 | 14 | 23 | 32 | 54 | 41 | 4 | 9 | 0.33 | 0.39 | 2.7 | 0.08 | 0.20 | 21 |
| 果園草乾草 | 88 | 59 | 1.30 | 0.62 | 1.30 | 10 | 27 | 40 | 67 | 98 | 3 | 8 | 0.32 | 0.30 | 2.6 | 0.41 | 0.20 | 26 |
| 盤固草青割 60 cm | 20 | 60 | | | 1.05 | 7 | 30 | 40 | 70 | 41 | 2 | 8 | 0.21 | 0.15 | 1.2 | | | |
| 盤固草乾草，日晒 | 91 | 45 | 0.78 | 0.25 | 0.98 | 7 | 30 | 43 | 73 | 98 | 2 | 7 | 0.22 | 0.17 | | | | |
| 豌豆藤乾草 | 89 | 59 | 1.30 | 0.62 | 1.30 | 11 | 32 | 62 | 92 | | 2 | 7 | 1.25 | 0.24 | 1.3 | | 0.20 | 20 |
| 豌豆藤青貯 | 25 | 58 | 1.28 | 0.57 | 1.28 | 16 | 29 | 55 | 61 | | 3 | 8 | 1.25 | 0.28 | 1.6 | | 0.29 | 32 |

（續下頁）

| 原料 | 乾物質 % | 可消化總養分 % | 維持淨能 Mcal/kg | 生長淨能 Mcal/kg | 泌乳淨能 Mcal/kg | 粗蛋白質 % | 瘤胃不可降解蛋白質占粗蛋白 % | 酸洗纖維 % | 中洗纖維 % | 有效中洗纖維 % | 粗脂肪 % | 灰分 % | 鈣 % | 磷 % | 鉀 % | 氯 % | 硫 % | 鋅 ppm |
|---|---|---|---|---|---|---|---|---|---|---|---|---|---|---|---|---|---|---|
| 稻草 | 91 | 40 | 0.93 | 0.00 | 0.84 | 4 | 38 | 72 | 100 | | 1 | 13 | 0.23 | 0.08 | 1.2 | | 0.11 | |
| 稻草，氨化 | 87 | 45 | 0.99 | 0.07 | 0.97 | 9 | 39 | 68 | 100 | | 1 | 12 | 0.25 | 0.08 | 1.1 | | 0.11 | |
| 黑麥草乾草 | 90 | 58 | 1.28 | 0.57 | 1.28 | 10 | 30 | 38 | 65 | 98 | 3 | 8 | 0.45 | 0.30 | 2.2 | | 0.18 | 27 |
| 黑麥草青貯 | 32 | 59 | 1.30 | 0.62 | 1.30 | 14 | 25 | 37 | 59 | 61 | 3 | 8 | 0.43 | 0.38 | 2.9 | 0.73 | 0.23 | 29 |
| 黑麥草稈 | 89 | 44 | 0.97 | 0.02 | 0.95 | 4 | 44 | 71 | 100 | | 2 | 6 | 0.24 | 0.09 | 1.0 | 0.24 | 0.11 | |
| 大豆乾草 | 89 | 52 | 1.15 | 0.35 | 1.12 | 16 | | 40 | 55 | 92 | 4 | 8 | 1.28 | 0.29 | 1.0 | 0.15 | 0.24 | 24 |
| 大豆稈 | 88 | 42 | 0.95 | 0.00 | 0.88 | 5 | | 54 | 70 | 100 | 1 | 6 | 1.59 | 0.06 | 0.6 | | 0.26 | |
| 蘇丹草青割，未成熟 | 18 | 70 | 1.61 | 0.97 | 1.57 | 17 | | 29 | 55 | 41 | 4 | 9 | 0.46 | 0.36 | 2.0 | | 0.11 | 24 |
| 蘇丹草乾草 | 88 | 57 | 1.26 | 0.55 | 1.26 | 9 | 30 | 43 | 67 | 98 | 2 | 10 | 0.50 | 0.22 | 2.2 | 0.80 | 0.12 | 26 |
| 蘇丹草青貯 | 31 | 58 | 1.28 | 0.57 | 1.28 | 10 | 28 | 42 | 64 | 61 | 3 | 10 | 0.58 | 0.27 | 2.4 | 0.52 | 0.14 | 29 |
| 梯牧草青割，開花前 | 26 | 64 | 1.43 | 0.79 | 1.43 | 11 | 20 | 36 | 59 | 41 | 4 | 7 | 0.40 | 0.28 | 1.9 | 0.57 | 0.15 | 28 |
| 梯牧草乾草，早花期 | 88 | 59 | 1.30 | 0.62 | 1.30 | 11 | 22 | 39 | 63 | 98 | 3 | 6 | 0.58 | 0.26 | 1.9 | 0.51 | 0.21 | 30 |
| 梯牧草乾草，盛花期 | 88 | 57 | 1.26 | 0.55 | 1.26 | 8 | 25 | 40 | 65 | 98 | 3 | 5 | 0.43 | 0.20 | 1.8 | 0.62 | 0.13 | 25 |
| 梯牧草青貯 | 34 | 59 | 1.30 | 0.62 | 1.30 | 10 | 23 | 45 | 70 | 61 | 3 | 7 | 0.50 | 0.27 | 1.7 | | 0.15 | |
| 黑小麥乾草 | 90 | 56 | 1.23 | 0.51 | 1.23 | 10 | | 41 | 69 | 98 | | | 0.30 | 0.26 | 2.3 | | | 25 |
| 黑小麥青貯 | 34 | 58 | 1.28 | 0.57 | 1.28 | 14 | | 39 | 56 | 61 | 4 | | 0.58 | 0.34 | 2.7 | | 0.28 | 36 |
| 黑小麥 | 89 | 85 | 2.05 | 1.37 | 1.94 | 14 | 25 | 5 | 22 | 34 | 2 | 2 | 0.07 | 0.39 | 0.5 | | 0.17 | 37 |
| 小麥鮮草 | 21 | 71 | 1.63 | 1.01 | 1.61 | 20 | 16 | 30 | 50 | 41 | 4 | 13 | 0.35 | 0.36 | 3.1 | 0.67 | 0.22 | |
| 小麥乾草 | 90 | 57 | 1.26 | 0.55 | 1.26 | 9 | 25 | 38 | 66 | 98 | 2 | 8 | 0.21 | 0.22 | 1.4 | 0.50 | 0.19 | 23 |
| 小麥青貯 | 33 | 59 | 1.30 | 0.62 | 1.30 | 12 | 21 | 37 | 62 | 61 | 3 | 8 | 0.40 | 0.28 | 2.1 | 0.50 | 0.21 | 27 |
| 小麥稈 | 91 | 43 | 0.97 | 0.00 | 0.90 | 3 | 60 | 57 | 81 | 98 | 2 | 8 | 0.17 | 0.06 | 1.3 | 0.32 | 0.17 | 6 |
| 小麥秸稈，氨化 | 85 | 50 | 1.10 | 0.26 | 1.08 | 9 | 25 | 55 | 76 | 98 | 2 | 9 | 0.15 | 0.05 | 1.3 | 0.30 | 0.16 | 6 |
| 高粱青貯 | 32 | 59 | 1.30 | 0.62 | 1.30 | 9 | 25 | 38 | 59 | 70 | 3 | 6 | 0.48 | 0.21 | 1.7 | 0.45 | 0.11 | 30 |

（續下頁）

| 原料 | 乾物質 % | 可消化總養分 % | 維持淨能 Mcal/kg | 生長淨能 Mcal/kg | 泌乳淨能 Mcal/kg | 粗蛋白質 % | 瘤胃不可降解蛋白質占粗蛋白 % | 酸洗纖維 % | 中洗纖維 % | 有效中洗纖維 % | 粗脂肪 % | 灰分 % | 鈣 % | 磷 % | 鉀 % | 氯 % | 硫 % | 鋅 ppm |
|---|---|---|---|---|---|---|---|---|---|---|---|---|---|---|---|---|---|---|
| **能量飼料** | | | | | | | | | | | | | | | | | | |
| 玉米，粉碎 | 88 | 89 | 2.16 | 1.48 | 2.01 | 9 | 47 | 3 | 10 | 0 | 4 | 2 | 0.04 | 0.30 | 0.4 | 0.08 | 0.10 | 27 |
| 玉米，蒸煮壓片 | 88 | 92 | 2.24 | 1.55 | 2.09 | 9 | 75 | 3 | 10 | 48 | 4 | 2 | 0.04 | 0.30 | 0.4 | 0.08 | 0.10 | 27 |
| 玉米穗軸，粉碎 | 89 | 84 | 2.00 | 1.35 | 1.85 | 9 | 43 | 8 | 22 | | 4 | 2 | 0.06 | 0.29 | 0.9 | | 0.07 | 11 |
| 脂肪（動物／植物） | 99 | 195 | 6.28 | 5.07 | 6.28 | 0 | 0 | 0 | 0 | 0 | 99 | 0 | 0.00 | 0.00 | 0.0 | | | |
| 甜菜糖蜜 | 77 | 75 | 1.74 | 1.10 | 1.70 | 8 | 0 | 0 | 0 | 0 | 0 | 12 | 0.14 | 0.03 | 6.0 | 1.64 | 0.60 | 18 |
| 甘蔗糖蜜 | 77 | 74 | 1.72 | 1.08 | 1.68 | 6 | 0 | 0 | 0 | 0 | 1 | 14 | 0.95 | 0.09 | 4.2 | 2.30 | 0.68 | 15 |
| 乾燥甘蔗糖蜜 | 94 | 74 | 1.72 | 1.08 | 1.68 | 9 | 0 | 3 | 7 | 0 | 0 | 14 | 1.10 | 0.15 | 3.6 | 3.00 | | 30 |
| 燕麥粒 | 89 | 76 | 1.79 | 1.15 | 1.72 | 13 | 18 | 15 | 28 | 34 | 5 | 4 | 0.05 | 0.41 | 0.5 | 0.11 | 0.20 | 40 |
| 燕麥粒，蒸氣壓片 | 84 | 88 | 2.16 | 1.43 | 2.01 | 13 | 26 | 15 | 30 | 32 | 5 | 4 | 0.05 | 0.37 | 0.5 | 0.11 | 0.20 | 40 |
| 珍珠粟（小米）粒 | 87 | 82 | 1.96 | 1.30 | 1.87 | 13 | 2 | 18 | 34 | | 5 | 3 | 0.03 | 0.36 | 0.5 | | | |
| 稻穀 | 89 | 79 | 1.87 | 1.21 | 1.79 | 8 | 30 | 12 | 16 | 34 | 2 | 5 | 0.07 | 0.32 | 0.4 | 0.09 | 0.05 | 17 |
| 精米 | 90 | 90 | 2.20 | 1.50 | 2.07 | 14 | 4 | | | | 14 | 9 | 0.05 | 1.34 | 1.2 | 0.12 | 0.19 | 28 |
| 黑麥籽粒 | 89 | 80 | 1.90 | 1.23 | 1.83 | 14 | 20 | 9 | 19 | 34 | 3 | 3 | 0.07 | 0.55 | 0.5 | 0.03 | 0.17 | 33 |
| 高粱粒，粉碎 | 89 | 82 | 1.96 | 1.30 | 1.87 | 11 | 55 | 7 | 17 | 5 | 3 | 2 | 0.03 | 0.32 | 0.4 | 0.10 | 0.12 | 17 |
| 高粱粒，壓片 | 82 | 90 | 2.20 | 1.50 | 2.07 | 11 | 62 | 7 | 17 | 38 | 3 | 2 | 0.03 | 0.28 | 0.4 | 0.10 | 0.12 | 17 |
| 馬鈴薯 | 25 | 80 | 1.97 | 1.32 | 1.83 | 11 | 0 | 11 | 18 | 0 | 1 | 5 | 0.15 | 0.21 | 1.2 | 0.36 | 0.11 | 12 |
| 小麥粒 | 89 | 88 | 2.16 | 1.43 | 2.01 | 15 | 23 | 4 | 14 | 0 | 3 | 2 | 0.06 | 0.48 | 0.5 | 0.09 | 0.18 | 48 |
| 小麥粒，硬 | 89 | 88 | 2.16 | 1.43 | 2.01 | 14 | 28 | 6 | 14 | 0 | 2 | 2 | 0.05 | 0.43 | 0.5 | | 0.16 | 45 |
| 小麥粒，軟 | 89 | 88 | 2.16 | 1.43 | 2.01 | 12 | 23 | 6 | 12 | 0 | 2 | 2 | 0.05 | 0.41 | 0.4 | | 0.16 | 40 |
| 小麥粒，蒸氣壓片 | 85 | 91 | 2.25 | 1.52 | 2.09 | 14 | 29 | 4 | 12 | 0 | 2 | 2 | 0.05 | 0.39 | 0.4 | | 0.15 | 40 |
| 小麥粒，發芽 | 86 | 88 | 2.16 | 1.43 | 2.01 | 12 | 18 | 4 | 13 | 0 | 2 | 2 | 0.04 | 0.36 | 0.4 | | 0.17 | 45 |
| 大麥粒 | 89 | 84 | 2.03 | 1.34 | 1.92 | 12 | 28 | 7 | 20 | 34 | 2 | 3 | 0.06 | 0.38 | 0.6 | 0.18 | 0.16 | 23 |

（續下頁）

| 原料 | 乾物質 % | 可消化總養分 % | 維持淨能 Mcal/kg | 生長淨能 Mcal/kg | 泌乳淨能 Mcal/kg | 粗蛋白質 % | 瘤胃不可降解蛋白質占粗蛋白 % | 酸洗纖維 % | 中洗纖維 % | 有效中洗纖維 % | 粗脂肪 % | 灰分 % | 鈣 % | 磷 % | 鉀 % | 氯 % | 硫 % | 鋅 ppm |
|---|---|---|---|---|---|---|---|---|---|---|---|---|---|---|---|---|---|---|
| 大麥片，蒸煮壓片 | 85 | 90 | 2.20 | 1.54 | 2.20 | 12 | 39 | 7 | 20 | 30 | 2 | 3 | 0.06 | 0.35 | 0.6 | 0.18 | 0.16 | 23 |
| 大麥片，滾壓 | 86 | 84 | 2.03 | 1.34 | 1.92 | 12 | 38 | 7 | 20 | 27 | 2 | 3 | 0.06 | 0.41 | 0.6 | 0.18 | 0.17 | 30 |
| 大麥籽粒，2 稜 | 88 | 84 | 2.03 | 1.34 | 1.92 | 12 | 24 | 8 | 20 | 34 | 2 | 3 | 0.06 | 0.34 | 0.5 | 0.18 | 0.17 | 16 |
| 大麥籽粒，6 稜 | 87 | 84 | 2.03 | 1.34 | 1.92 | 11 | 24 | 8 | 20 | 34 | 2 | 3 | 0.05 | 0.36 | 0.5 | 0.18 | 0.15 | 14 |
| 玉米穗軸，粉碎 | 89 | 84 | 2.00 | 1.35 | 1.85 | 9 | 43 | 8 | 22 |  | 4 | 2 | 0.06 | 0.29 | 0.9 |  | 0.07 | 11 |
| 高粱穗軸 | 87 | 54 | 1.19 | 0.44 | 1.19 | 5 |  | 41 | 65 | 100 | 2 | 10 | 0.50 | 0.12 | 1.2 |  |  |  |
| **蛋白質飼料** |  |  |  |  |  |  |  |  |  |  |  |  |  |  |  |  |  |  |
| 脫水苜蓿粒，17% 粗蛋白 | 92 | 61 | 1.37 | 0.68 | 1.34 | 19 | 60 | 34 | 45 | 6 | 3 | 11 | 1.42 | 0.25 | 2.5 | 0.45 | 0.28 | 21 |
| 苜蓿葉粉 | 89 | 60 | 1.32 | 0.66 | 1.32 | 26 | 15 | 24 | 34 | 35 | 3 | 10 | 2.88 | 0.34 | 2.2 |  | 0.32 | 39 |
| 羽毛粉，水解 | 93 | 67 | 1.52 | 0.88 | 1.50 | 87 | 68 | 14 | 42 | 23 | 7 | 3 | 0.48 | 0.45 | 0.1 | 0.20 | 1.82 | 90 |
| 亞麻籽粕，溶劑萃取 | 91 | 77 | 1.81 | 1.17 | 1.74 | 39 | 36 | 17 | 26 | 23 | 2 | 7 | 0.43 | 0.91 | 1.5 | 0.04 | 0.52 | 65 |
| 亞麻籽粕，壓榨提取 | 91 | 82 | 1.96 | 1.30 | 1.87 | 37 | 40 | 17 | 24 | 23 | 6 | 6 | 0.42 | 0.90 | 1.4 | 0.04 | 0.46 | 59 |
| 脫脂乳粉 | 94 | 87 | 2.12 | 1.41 | 1.98 | 36 | 0 | 0 | 0 | 0 | 1 | 8 | 1.36 | 1.09 | 1.7 | 0.96 | 0.34 | 41 |
| 花生粕，溶劑萃取 | 91 | 77 | 1.81 | 1.17 | 1.74 | 51 | 27 | 16 | 27 | 23 | 3 | 6 | 0.26 | 0.62 | 1.1 | 0.03 | 0.30 | 38 |
| 紅花籽粕，溶劑萃取 | 91 | 56 | 1.23 | 0.51 | 1.23 | 24 | 33 | 57 | 36 |  | 1 | 6 | 0.35 | 0.79 | 0.9 | 0.21 | 0.23 | 65 |
| 去殼紅花籽粕，溶劑萃取 | 91 | 75 | 1.74 | 1.10 | 1.70 | 47 | 11 | 27 | 30 |  | 1 | 7 | 0.38 | 1.50 | 1.2 | 0.18 | 0.22 | 36 |
| 全脂大豆 | 88 | 92 | 2.27 | 1.54 | 2.12 | 41 | 28 | 11 | 15 | 100 | 19 | 5 | 0.27 | 0.64 | 1.9 | 0.03 | 0.34 | 56 |
| 全脂大豆，擠壓 | 88 | 93 | 2.29 | 1.57 | 2.14 | 40 | 35 | 11 | 15 | 100 | 19 | 5 | 0.27 | 0.64 | 2.0 | 0.03 | 0.34 | 56 |
| 全脂大豆，烘烤 | 88 | 93 | 2.29 | 1.57 | 2.14 | 40 | 48 | 11 | 15 | 100 | 19 | 5 | 0.27 | 0.64 | 2.0 | 0.03 | 0.34 | 56 |
| 大豆粕，溶劑萃取，44%CP | 89 | 84 | 2.03 | 1.34 | 1.92 | 49 | 35 | 10 | 15 | 23 | 2 | 7 | 0.36 | 0.70 | 2.2 | 0.07 | 0.41 | 62 |
| 大豆粕，溶劑萃取 ，49%CP | 89 | 87 | 2.12 | 1.41 | 1.98 | 54 | 33 | 6 | 10 | 23 | 1 | 7 | 0.35 | 0.75 | 2.3 | 0.08 | 0.47 | 61 |
| 向日葵粕，溶劑萃取 | 91 | 64 | 1.43 | 0.79 | 1.43 | 39 | 27 | 22 | 36 | 23 | 2 | 7 | 0.42 | 1.00 | 1.1 | 0.15 | 0.37 | 70 |
| 向日葵粕（含殼） | 91 | 57 | 1.26 | 0.55 | 1.26 | 32 | 32 | 33 | 45 | 37 | 2 | 7 | 0.39 | 1.01 | 1.1 |  | 0.31 | 80 |

（續下頁）

| 原料 | 乾物質 % | 可消化總養分 % | 維持淨能 Mcal/kg | 生長淨能 Mcal/kg | 泌乳淨能 Mcal/kg | 粗蛋白質 % | 瘤胃不可降解蛋白質占粗蛋白 % | 酸洗纖維 % | 中洗纖維 % | 有效中洗纖維 % | 粗脂肪 % | 灰分 % | 鈣 % | 磷 % | 鉀 % | 氯 % | 硫 % | 鋅 ppm |
|---|---|---|---|---|---|---|---|---|---|---|---|---|---|---|---|---|---|---|
| 乳清粉 | 94 | 82 | 1.96 | 1.30 | 1.87 | 14 | 15 | 0 | 0 | 0 | 1 | 10 | 0.98 | 0.88 | 1.3 | 1.20 | 0.92 | 10 |
| 菜籽粕 | 90 | 70 | 1.88 | 1.25 | 1.76 | 38 |  | 21 | 30 | 23 | 5 | 7 | 0.67 | 1.04 | 1.4 | 0.11 | 1.25 | 47 |
| **副產品** |  |  |  |  |  |  |  |  |  |  |  |  |  |  |  |  |  |  |
| 蘋果渣，溼 | 20 | 68 | 1.54 | 0.90 | 1.52 | 5 | 10 | 27 | 36 | 27 | 5 | 3 | 0.13 | 0.12 | 0.5 |  | 0.04 | 11 |
| 蘋果渣，乾 | 89 | 67 | 1.52 | 0.88 | 1.50 | 5 | 15 | 28 | 38 | 29 | 5 | 3 | 0.13 | 0.12 | 0.5 |  | 0.04 | 11 |
| 麵包產品，乾 | 90 | 90 | 2.20 | 1.50 | 2.07 | 11 | 30 | 9 | 30 | 0 | 12 | 4 | 0.16 | 0.27 | 0.4 | 2.25 | 0.15 | 33 |
| 大麥麩 | 91 | 59 | 1.30 | 0.62 | 1.30 | 12 | 28 | 27 | 36 | 6 | 4 | 7 |  |  |  |  |  |  |
| 甜菜渣，溼 | 17 | 77 | 1.81 | 1.17 | 1.74 | 9 | 35 | 25 | 45 | 30 | 1 | 5 | 0.65 | 0.08 | 0.9 | 0.40 | 0.22 | 21 |
| 甜菜渣，乾 | 91 | 76 | 1.79 | 1.15 | 1.72 | 9 | 44 | 26 | 46 | 33 | 1 | 5 | 0.65 | 0.08 | 0.9 | 0.40 | 0.22 | 21 |
| 大麥酒粕 | 90 | 75 | 1.74 | 1.10 | 1.70 | 30 | 56 | 20 | 44 | 4 | 9 | 4 | 0.15 | 0.67 | 1.0 | 0.18 | 0.43 | 50 |
| 玉米酒粕，乾 | 91 | 95 | 2.36 | 1.61 | 2.18 | 30 | 58 | 16 | 44 | 4 | 10 | 4 | 0.09 | 0.75 | 0.9 | 0.14 | 0.70 | 65 |
| 玉米酒粕，溼 | 36 | 96 | 2.40 | 1.63 | 2.20 | 30 | 47 | 16 | 44 | 4 | 10 | 4 | 0.09 | 0.75 | 0.9 | 0.14 | 0.70 | 65 |
| 可溶性玉米酒粕 | 91 | 96 | 2.40 | 1.63 | 2.20 | 31 | 55 | 14 | 30 | 4 | 11 | 5 | 0.21 | 0.82 | 0.9 | 0.18 | 0.77 | 86 |
| 可溶性玉米酒粕，低油 | 90 | 92 | 2.27 | 1.54 | 2.12 | 31 | 55 | 15 | 31 | 4 | 7 | 5 | 0.22 | 0.81 | 0.9 | 0.19 | 0.78 | 88 |
| 可溶性酒粕 | 93 | 87 | 2.12 | 1.41 | 2.01 | 32 | 40 | 7 | 22 | 4 | 13 | 8 | 0.35 | 1.20 | 1.8 | 0.28 | 1.10 | 91 |
| 高粱酒粕，乾 | 91 | 84 | 2.03 | 1.34 | 1.92 | 33 | 62 | 20 | 44 | 4 | 10 | 4 | 0.20 | 0.68 | 0.3 |  | 0.50 | 50 |
| 高粱酒粕，溼 | 35 | 86 | 2.09 | 1.39 | 1.96 | 33 | 55 | 19 | 43 | 4 | 10 | 4 | 0.20 | 0.68 | 0.3 |  | 0.50 | 50 |
| 可溶性高粱酒粕 | 92 | 85 | 2.05 | 1.37 | 1.94 | 33 | 53 | 18 | 42 | 4 | 10 | 4 | 0.23 | 0.70 | 0.5 |  | 0.70 | 55 |
| 亞麻籽殼 | 91 | 38 | 0.88 | 0.00 | 0.79 | 9 |  | 39 | 50 | 98 | 2 | 10 |  |  |  |  |  |  |
| 葡萄果渣，無莖 | 91 | 40 | 0.93 | 0.00 | 0.84 | 12 | 45 | 46 | 54 | 34 | 8 | 9 | 0.55 | 0.07 | 0.6 | 0.01 |  | 24 |
| 濃縮糖蜜發酵液 | 43 | 69 | 1.57 | 0.95 | 1.54 | 16 | 0 | 0 | 0 | 0 | 1 | 26 | 2.12 | 0.14 | 7.5 | 2.73 | 0.93 | 30 |
| 燕麥粉頭 | 90 | 91 | 2.25 | 1.52 | 2.09 | 16 | 20 | 6 |  |  | 6 | 3 | 0.07 | 0.48 | 0.5 |  | 0.23 |  |
| 燕麥磨粉副產品 | 89 | 33 | 0.84 | 0.00 | 0.66 | 7 | 27 |  |  |  | 2 | 6 | 0.13 | 0.22 | 0.6 |  | 0.24 |  |

（續下頁）

| 原料 | 乾物質 % | 可消化總養分 % | 維持淨能 Mcal/kg | 生長淨能 Mcal/kg | 泌乳淨能 Mcal/kg | 粗蛋白質 % | 瘤胃不可降解蛋白質占粗蛋白 % | 酸洗纖維 % | 中洗纖維 % | 有效中洗纖維 % | 粗脂肪 % | 灰分 % | 鈣 % | 磷 % | 鉀 % | 氯 % | 硫 % | 鋅 ppm |
|---|---|---|---|---|---|---|---|---|---|---|---|---|---|---|---|---|---|---|
| 燕麥殼 | 93 | 38 | 0.88 | 0.00 | 0.79 | 4 | 25 | 41 | 75 | 90 | 2 | 7 | 0.16 | 0.15 | 0.6 | 0.08 | 0.14 | 31 |
| 柳橙粕，乾 | 89 | 79 | 1.87 | 1.21 | 1.79 | 9 | 9 | 20 | 33 |  | 2 | 4 | 0.71 | 0.11 | 0.6 |  | 0.05 |  |
| 花生殼 | 91 | 22 | 0.79 | 0.00 | 0.40 | 7 | 63 | 74 | 98 |  | 2 | 5 | 0.20 | 0.07 | 0.9 |  |  |  |
| 花生皮 | 92 | 0 | 0.00 | 0.00 | 0.00 | 17 | 13 | 28 | 0 |  | 22 | 3 | 0.19 | 0.20 |  |  |  |  |
| 鳳梨 | 17 | 47 | 1.04 | 0.15 | 1.01 | 8 | 24 | 64 | 41 |  | 2 | 7 | 0.28 | 0.08 |  |  |  |  |
| 鳳梨皮 | 89 | 71 | 1.63 | 1.01 | 1.61 | 5 | 20 | 66 | 20 |  | 2 | 3 | 0.26 | 0.12 |  |  |  |  |
| 馬鈴薯副產物，溼 | 14 | 82 | 1.96 | 1.30 | 1.87 | 7 | 0 | 11 | 18 | 0 | 2 | 3 | 0.16 | 0.25 | 1.2 | 0.36 | 0.11 | 12 |
| 馬鈴薯副產物，乾 | 89 | 85 | 2.05 | 1.37 | 1.94 | 8 | 0 | 9 | 15 | 0 | 1 | 5 | 0.16 | 0.25 | 1.2 | 0.39 | 0.11 | 12 |
| 米糠 | 91 | 71 | 1.63 | 1.01 | 1.61 | 14 | 30 | 18 | 24 | 0 | 16 | 11 | 0.07 | 1.70 | 1.8 | 0.09 | 0.19 | 40 |
| 稻殼 | 92 | 13 | 0.77 | 0.00 | 0.18 | 3 | 45 | 70 | 81 | 90 | 1 | 20 | 0.12 | 0.07 | 0.5 | 0.08 | 0.08 | 24 |
| 稻米壓碾，副產品 | 91 | 39 | 0.90 | 0.00 | 0.82 | 7 | 32 | 60 | 0 |  | 6 | 19 | 0.25 | 0.48 | 2.2 |  | 0.30 | 31 |
| 向日葵籽殼 | 90 | 40 | 0.93 | 0.00 | 0.84 | 4 | 65 | 63 | 73 | 90 | 2 | 3 | 0.00 | 0.11 | 0.2 |  | 0.19 | 200 |
| 甘蔗渣 | 91 | 39 | 0.90 | 0.00 | 0.82 | 1 |  | 60 | 86 | 100 | 1 | 4 | 0.90 | 0.29 | 0.5 |  | 0.10 |  |
| 木薯粉，木薯副產品 | 89 | 82 | 1.96 | 1.30 | 1.87 | 1 |  | 8 | 34 |  | 1 | 3 | 0.03 | 0.05 |  |  |  |  |
| 番茄 | 6 | 69 | 1.57 | 0.95 | 1.54 | 16 |  | 11 |  |  | 4 | 6 | 0.14 | 0.35 | 4.2 |  |  |  |
| 番茄渣，乾 | 92 | 64 | 1.43 | 0.79 | 1.43 | 23 |  | 50 | 55 | 34 | 11 | 6 | 0.43 | 0.59 | 3.6 |  |  |  |
| 麩皮 | 89 | 70 | 1.61 | 0.97 | 1.57 | 17 | 28 | 14 | 46 | 4 | 4 | 7 | 0.13 | 1.32 | 1.4 | 0.05 | 0.24 | 96 |
| 小麥粉頭 | 89 | 75 | 1.74 | 1.10 | 1.70 | 17 | 22 | 11 | 38 | 2 | 5 | 5 | 0.14 | 1.02 | 1.2 | 0.05 | 0.20 | 100 |
| 啤酒酵母 | 92 | 79 | 1.87 | 1.21 | 1.79 | 47 | 30 | 4 |  | 0 | 1 | 7 | 0.13 | 1.49 | 1.8 |  |  |  |

資料來源：Nutrient Requirements of Dairy Cattle. 2001 (NRC)；臺灣飼料成分手冊，第三版（2011）。

表 13-4　礦物質補充料成分表

| 編號 | 礦物質原料 | 乾物質 | 多量礦物質（%） | | | | | | | 微量礦物質（mg/kg） | | | | | | | |
|---|---|---|---|---|---|---|---|---|---|---|---|---|---|---|---|---|---|
| | | （%） | 鈣 | 氯 | 鎂 | 磷 | 鉀 | 鈉 | 硫 | 鈷 | 銅 | 氟 | 碘 | 鐵 | 錳 | 硒 | 鋅 |
| 01 | 磷酸二氫銨 | 97 | 0.28 | - | 0.46 | 24.74 | 0.01 | 0.06 | 1.46 | 10 | 10 | 2,500 | - | 17,400 | 400 | - | 100 |
| 02 | 磷酸氫銨 | 97 | 0.52 | - | 0.43 | 20.60 | 0.01 | 0.05 | 2.16 | - | 10 | 2,100 | - | 12,400 | 400 | - | 100 |
| 03 | 骨粉 | 97 | 30.71 | - | 0.33 | 12.86 | 0.19 | 5.69 | 2.51 | - | - | - | - | 26,700 | - | - | 100 |
| 04 | 碳酸鈣 | 100 | 39.39 | - | 0.05 | 0.04 | 0.06 | 0.06 | - | - | - | - | - | 300 | 300 | - | - |
| 05 | 碳酸氫鈣 | 97 | 22.00 | - | 0.59 | 19.30 | 0.07 | 0.05 | 1.14 | 10 | 10 | 1,800 | - | 14,400 | 300 | - | 100 |
| 06 | 碳酸鈷 | 99 | - | - | - | - | - | - | 0.20 | 460,000 | - | - | - | 500 | - | - | - |
| 07 | 硫酸銅 | 100 | - | - | - | - | - | - | 12.84 | - | 254,500 | - | - | - | - | - | - |
| 08 | 硫酸亞鐵 | 98 | - | - | - | - | - | - | 12.35 | - | - | - | -- | 218,400 | - | - | - |
| 09 | 石灰石粉 | 100 | 34.00 | 0.03 | 2.06 | 0.02 | 0.12 | 0.06 | 0.04 | - | - | - | -- | 3,500 | - | - | - |
| 10 | 氧化鎂 | 98 | 3.07 | - | 56.20 | - | - | - | - | - | - | 200 | -- | - | 100 | - | - |
| 11 | 氧化錳 | 99 | - | - | - | - | - | - | - | - | - | - | - | - | 774,500 | - | - |
| 12 | 碳酸錳 | 97 | - | - | - | - | - | - | - | - | - | - | - | - | 478,000 | - | - |
| 13 | 牡蠣殼粉 | 99 | 38.00 | 0.01 | 0.30 | 0.07 | 0.10 | 0.21 | - | - | - | - | - | 2,870 | 100 | - | - |
| 14 | 去氟磷酸鈣 | 100 | 32.00 | - | 0.42 | 18.00 | 0.08 | 4.90 | - | 10 | 20 | 1,800 | - | 6,700 | 200 | - | 60 |
| 15 | 磷酸氫鈉 | 97 | - | - | - | 22.50 | | 16.68 | - | - | - | - | - | - | - | - | - |
| 16 | 氯化鉀 | 100 | 0.05 | 47.30 | 0.34 | - | 50.00 | 1.00 | 0.45 | - | - | - | - | 600 | - | - | - |
| 17 | 碘化鉀 | 100 | - | - | - | - | 21.00 | - | - | - | - | - | 681,700 | - | - | - | - |
| 18 | 氯化鈉 | 100 | - | 60.66 | - | - | - | 39.34 | - | - | - | - | - | - | - | - | - |
| 19 | 硒酸鈉 | 98 | - | - | - | - | - | 26.60 | - | - | - | - | - | - | - | 456,600 | - |

資料來源：Nutrient Requirements of Dairy Cattle. 1988 (NRC).

## 表 13-5　飼糧配方工作表

乳牛條件：　　　　　　　　　　　　　　　　調配師：　　　　　　　　　　日期：

| | Dry Matter Basis | | | | | | | | | | | | | As-fed Basis | | | |
|---|---|---|---|---|---|---|---|---|---|---|---|---|---|---|---|---|---|
| | Amount | $NE_l$ (Mcal) | | Crude Protein | | RUP | | Ca | | P | | NDF | | Dry Matter | Amount Fed | Total Ration | Concentrate Mix |
| | (kg) | Per kg | (kg) | (%) | (kg) | (% CP) | (kg) | (%) | (kg) | (%) | (kg) | (%) | (kg) | (%) | (kg) | (%) | (%) |
| Requirement | | | | | | | | | | | | | | | | | |
| | | | | | | | | | | | | | | | | | |
| Ingredient | | | | | | | | | | | | | | | | | |
| Roughage | | | | | | | | | | | | | | | | | |
| | | | | | | | | | | | | | | | | | |
| | | | | | | | | | | | | | | | | | |
| Concentrate | | | | | | | | | | | | | | | | | |
| | | | | | | | | | | | | | | | | | |
| | | | | | | | | | | | | | | | | | |
| | | | | | | | | | | | | | | | | | |
| | | | | | | | | | | | | | | | | | |
| | | | | | | | | | | | | | | | | | |
| | | | | | | | | | | | | | | | | | |
| | | | | | | | | | | | | | | | | | |
| | | | | | | | | | | | | | | | | | |
| | | | | | | | | | | | | | | | | | |
| | | | | | | | | | | | | | | | | | |
| | | | | | | | | | | | | | | | | | |
| Total | | | | | | | | | | | | | | | | | |

## （二）泌乳牛均衡日糧計算之流程

1. 先由乳牛之體重、泌乳量、乳成分與體重變化資料，求得其飼糧所需提供的營養成分與採食量（表 13-1）。
2. 需查詢並確認的基本營養需求項目：泌乳淨能（$NE_l$）、粗蛋白質（Crude Protein）、鈣（Ca）與磷（P）（表 13-1）。
3. 每日需要量要考量「泌乳」+「維持」兩部分的需求。其中「泌乳」的需求會隨乳量及乳成分而有變化（表 13-1）。
4. 能量需求當中，活動需求的能量估算，以維持淨能的 5% 來計算。因此能量需求的計算要同時考慮「泌乳」+「維持」+「活動」三個部分的總和（表 13-1）。
5. 蛋白質需求上，爲了提供乳牛本身可利用吸收的充足蛋白質，會將與瘤胃不可降解蛋白質（RUP）的含量設定在占總粗蛋白質的 35-40% 之間。
6. 計算牛隻的最大乾基採食量（表 13-2）：牛隻的瘤胃體積有限制，採食量會受到芻料體積的影響。飼糧配製時，要注意最後給飼總量是否能在牛隻每日的可採食量範圍內。
7. 中洗纖維（NDF）需要量爲 25-33%，酸洗纖維（ADF）需要量爲 17-21%（表 13-3）。
8. 設定芻料種類及餵飼量：注意以乾基（Dry Matter）爲基準。
9. 計算芻料提供之養分（表 13-3）。
10. 計算精料養分需求量（表 13-3）。
11. 計算精料配方（表 13-3）。
12. 檢查礦物質是否平衡及粗纖維是否足夠，必要時添加礦物質原料（表 13-4）。
13. 計算實際餵飼量，並將完整資料塡入飼糧配方工作表（表 13-5）。

## （三）配方建立之原料使用注意事項

1. 芻料使用需考慮取得之方便性及性狀。芻料來源的品質對於反芻動物的生產有重要的影響，由於芻料本身也是反芻動物的營養來源，高品質的芻料可因其較高的消化率與營養濃度，提供較多的動物所需求養分。高品質芻料使用，可在降低精料補充的需求量下，維持較佳的瘤胃穩定發酵狀況。

2. 若使用兩種以上芻料時，同時使用禾本科及豆科牧草爲宜。芻料依照國際飼料分類，可分成三類。第一類爲乾草，主要來源是豆科與禾本科牧草乾燥調製而成，常見的苜蓿乾草即屬於此類。第二類爲新鮮牧草，包括一般的牧草地可提供放牧時的牧草，此類牧草含水量高，國內常見的狼尾草與青割玉米屬於此類。第三類爲青貯牧草，採收牧草後，利用微生物進行厭氧乳酸發酵，增加其保存性與供應穩定性，國內常使用的玉米青貯草即是此類芻料的代表。
3. 完全使用青刈草爲芻料時要注意採食量是否能滿足。乾草的使用上因其水分含量低（<20%），因此單位重量的營養密度較高，對於營養需要量較高的泌乳中反芻動物，可在較低的採食體積中提供所需的營養量。但是乾草的調製與生產過程，會影響其品質，進口乾草也需注意其品質穩定性，目前進口乾草約占國內牧草用量的 50%。新鮮的青割草具有良好的適口性，未經加工調製下，營養損失最少，但是因爲其水分含量高（>70%），因此在反芻動物能量需求高的飼養期間，使用量會較受限。另一方面，青割草的收割時期會明顯影響其營養成分的組成，生長季節也是使用上的限制。青貯草在發酵穩定的情況下，可以提供長期穩定的芻料來源，但是其水分含量仍高（40-70%），使用上仍需考量採食量問題。
4. 能量需求高時，精料比例需增加。有關精料與芻料的使用比例上，芻料使用多，則纖維成分比例高，飼糧能量濃度低。過高的芻料比例會因爲限制能量的採食，導致動物生產表現下降，但是過高的精料給飼下，則會造成瘤胃過酸及反芻動物動物泌乳時之乳脂下降。由於芻料比例越高，相同重量的飼糧體積就會越大，將有可能出現動物因爲胃部容積限制吃不下，但是所需的營養成分卻未攝取充足的問題。
5. 芻料來源的中洗纖維要占總中洗纖維量的 70-80% 爲宜。但是並非所有的植物纖維成分都有提升反芻的功效，芻料的片段必須要有足夠的長度（最少有 2 公分），才能有效刺激反芻，提高唾液分泌量以穩定瘤胃環境。

# 泌乳牛均衡日糧例題計算

乳牛條件設定如下：

| 體重 | 乳量 | 乳脂率 | 體重變化 |
|---|---|---|---|
| 650 公斤 | 27 公斤／天 | 3.5% | 增重 0.2 公斤／天 |

## （一）營養需要量計算

依照表 13-1 計算乳牛的每日需要量如下：

1. 維持部分參照「成熟泌乳牛的維持」區塊欄位中之資料，活動需求只考慮能量，以維持需求的 5% 計算。
2. 泌乳依照不同乳脂率下，每公斤所需的泌乳需求計算。以乳脂 3.5% 之下每公斤泌乳的需求為：泌乳淨能 0.69 Mcal、粗蛋白質 84 g、鈣 2.97 g、磷 1.83 g。
3. 增重部分依照「泌乳期每公斤體重變化營養分的增減量」進行計算。每公斤體重增加需求為：泌乳淨能 5.12 Mcal、粗蛋白質 320 g。
4. 將維持、活動、泌乳與增重 4 個項目進行加總，如下表計算各營養成分需求。

| | 維持 (1) | 活動 (2) | 泌乳 (3) | 增重 (4) | 總計 (1)+(2)+(3)+(4) |
|---|---|---|---|---|---|
| 泌乳淨能（Mcal） | 10.30 | 10.30×5%= 0.515 | 0.69×27=18.63 | 5.12×0.2=1.024 | 30.469 |
| 粗蛋白質（g） | 428 | | 84×27=2,268 | 320×0.2=64 | 2,760 |
| 鈣（g） | 26 | | 2.97×27=80.19 | | 106.19 |
| 磷（g） | 19 | | 1.83×7=49.41 | | 68.41 |

5. 將瘤胃不可降解蛋白質（RUP）需求設為占粗蛋白的 35%：總粗蛋白需求 2,760 g 時，RUP 需求為 2,760×35% = 966 g。

6. 計算所得之牛隻需要量：依序塡於飼糧配方工作表（表 13-5）的需求量欄位中。
   (1) 泌乳淨能：30.469 Mcal。
   (2) 粗蛋白質：2.76 kg（即 2,760 g），其中瘤胃不可降解蛋白質（RUP）爲 0.966 kg。
   (3) 鈣：0.10619 kg（即 106.19 g）。
   (4) 磷：0.06841 kg（即 68.41 g）。

## （二）最大乾基採食量（DMI）計算

計算最大乾基採食量需先進行 4% 乳脂矯正乳（4% Fat-corrected Milk, 4% FCM）的乳量，再對應體重算出最大乾基採食相對於牛隻體重的百分比，最後乘回牛隻體重得到最大乾基採食的重量。此數值爲牛隻每日採食的乾基重量上限，超過此數值時，牛隻可能無法於一日內消耗完所配製的飼糧。

以 3.5% 乳脂之牛乳 27 kg 計算 4% FCM 如下：

$$4\%\ \text{FCM} = 0.4 \times \text{乳量（kg）} + 15 \times [\text{乳量（kg）} \times \text{乳脂率（\%）}]$$
$$= 0.4 \times 27 + 15 \times [27 \times 3.5\%] = 24.98\ \text{（約爲 25 kg）}$$

利用表 13-2，以 25 kg 之 4% FCM 對應體重數值，600 kg 體重時最大乾基採食占體重之 3.0%，700 kg 體重時最大乾基採食占體重之 2.8%，利用內插法可求得 650 kg 時的最大乾基採食應占體重之 2.9%。

因此本牛隻每日最大乾基採食的總量爲：650×2.9% = 18.85 kg。

## （三）配方計算

### 1. 設定芻料來源與用量

對泌乳牛來說，一般設定（芻料：精料）比例約在 6：4 至 5：5，過低的芻料比例會因爲纖維量不足而使乳脂率降低。芻料的組成中，可以同時使用禾本科與豆科牧草，青貯料也是良好的選擇。當乳牛的泌乳量較高時，使用乾草作爲芻料主要來源較佳，才能降低最終實際餵飼重量過高造成無法完全採食的問題。

本計算例中，設定芻料乾基使用量與實際餵飼量：

苜蓿乾草，早花期：6 kg 乾基，實際餵飼量 = 6÷90% = 6.667 kg。

玉米稈含穗，青貯：7 kg 乾基，實際餵飼量 = 7÷33% = 21.212 kg。

將芻料提供的各項營養成分量計算後塡入飼糧配方工作表中，計算結果如下表 13-6。

表 13-6　芻料用量與可提供養分計算結果

| | 苜蓿乾草早花期－用量與營養成分 | 苜蓿乾草提供量 (1) | 玉米稈含穗青貯－用量與營養成分 | 玉米青貯提供量 (2) | 芻料提供總量 (1) + (2) |
|---|---|---|---|---|---|
| 乾基用量 | 6 kg | | 7 kg | （含量 × 乾基重） | 13 kg |
| 泌乳淨能 | 1.35 Mcal/kg | 8.1 Mcal | 1.6 Mcal/kg | 11.2 Mcal | 19.3 Mcal |
| 粗蛋白質 | 18% | 1.08 kg | 8.1% | 0.567 kg | 1.647 kg |
| RUP（%CP） | 28% | 0.302 kg | 31% | 0.175 kg | 0.477 kg |
| 鈣 | 1.41% | 0.0846 kg | 0.23% | 0.0161 kg | 0.1007 kg |
| 磷 | 0.22% | 0.0132 kg | 0.22% | 0.0154 kg | 0.0286 kg |
| 中洗纖維 | 42% | 2.52 kg | 51% | 3.57 kg | 6.09 kg |

## 2. 精料需提供之養分總量

以總需要量扣除芻料已提供之營養成分量，計算精料需提供之營養成分與提供量（表 13-7）。

表 13-7　精料需提供之養分計算結果

| | 總需要量 (1) | 芻料提供量 (2) | 精料需補足量 (1) − (2) |
|---|---|---|---|
| 泌乳淨能 | 30.469 Mcal/kg | 19.3 Mcal | 11.169 Mcal |
| 粗蛋白質 | 2.76 kg | 1.647 kg | 1.113 kg |
| RUP | 0.966 kg | 0.477 kg | 0.489 kg |
| 鈣 | 0.10619 kg | 0.1025 kg | 0.00396 kg |
| 磷 | 0.0684 kg | 0.0286 kg | 0.0398 kg |

### 3. 精料配方計算

先設定精料中主要原料，並依照原料的泌乳淨能與粗蛋白質含量，先計算使用量。選擇原料如下：

玉米粉：泌乳淨能 = 1.96 Mcal/kg，粗蛋白質 = 10%。

大豆粕，溶劑法：泌乳淨能 = 1.94 Mcal/kg，粗蛋白質 = 49.9%。

依據所計算精料所需補足的總量，泌乳淨能為 11.169 Mcal，粗蛋白質為 1.113 kg。利用二元一次聯立方程式求出用量，設定玉米粉用量為 $X$ kg，大豆粕為 $Y$ kg。

$$\begin{cases} 10\%X + 49.9\%Y = 1.113 \text{（粗蛋白質需求）} \\ 1.96X + 1.94Y = 11.169 \text{（泌乳淨能需求）} \end{cases}$$

可解得 $X$（玉米粉）= 4.355 kg；$Y$（大豆粕）= 1.358 kg

將玉米粉與大豆粕用量填入配方表中精料成分欄，並計算出兩者提供的其他營養成分。查詢玉米粉與大豆粕之乾物質含量，計算實際用量：

(1) 玉米粉實際餵飼量用量為 4.355 ÷ 88% = 4.9489 kg。

(2) 大豆粕實際餵飼量用量為 1.358 ÷ 89% = 1.5258 kg。

使用玉米粉與大豆粕後，泌乳淨能、粗蛋白質已滿足需求。

(3)RUP 提供總量：0.477 + 0.49 = 0.967 kg，已滿足總需求 0.966 kg。

### 4. 礦物質調整

(1) 鈣的總需求量為 0.10619 kg，目前芻料已提供 0.1007 kg，玉米粉及大豆粕提供 0.00538 kg，總計 0.10608 kg，已很接近需求量 0.10619 公斤。

(2) 磷的總需求量為 0.0684 kg，目前芻料已提供 0.0286 kg，玉米粉及大豆粕提供 0.0219 kg，總計 0.0505 kg，與總需求相比，還需補充 0.0684 – 0.0505 = 0.0179 公斤。

(3) 不足的磷，以磷酸氫鈉（$Na_2HPO_4$）進行補充，由礦物質補充料成分表（表 13-4）編號 15 磷酸氫鈉，查表顯示其含有 22.5% 的磷。

(4) 磷酸氫鈉用量 = 0.0179÷22.5% = 0.0796 kg，將磷酸氫鈉用量與提供之磷量填入表 13-5 精料乾基配方欄位中。

(5) 以磷酸氫鈉乾基計算實際添加用重量：0.0796÷97% = 0.082 kg。

## 5. 食鹽及維生素礦物質預混物

爲維持良好適口性與補充電解質，乳牛飼糧會添加食鹽，用量爲精料總量的 0.5%。維生素與礦物質預混物，也預留精料總量的 0.5% 進行添加。

(1) 已使用之精料各成分總和（玉米粉、大豆粕與磷酸氫鈉）= 4.355 + 1.358 + 0.0796 = 5.7926 kg。

(2) 食鹽及維生素礦物質預混物分別需要添加量：5.7926÷99%×0.5% = 0.029 kg。

(3) 因此在精料乾基配方中還需加入 0.029 kg 的食鹽與 0.029 kg 的維生素礦物質預混物。此兩項的乾物質都視爲 100%。

## 6. 配製實際秤重量計算

將配方表格（表 13-5）中精料乾基成分（Dry Matter Basis）資料填寫完後，計算精料與芻料的乾基總使用量，再依照原料表中之各成分乾物質含量，計算實際餵飼時現場原料的所需秤重量（As-fed Basis）。

芻料與精料所提供的各項營養成分總量與計算後餵飼總量：

(1) 餵飼乾基總量（kg）= (6 + 7) + (4.355 + 1.358 + 0.0796) + 0.0293 + 0.0293 = 18.85（未超過最大乾基採食量）。

(2) 粗蛋白質總量（kg）= (1.080 + 0.567) + (0.435 + 0.678) = 2.76（滿足需要量）。

(3) 泌乳淨能總量（Mcal）= (8.1 + 11.2) + (8.535 + 2.634) = 30.469（滿足需要量）。

(4) 鈣總量（kg）= (0.0846 + 0.0161) + (0.00131 + 0.00407) = 0.10608（滿足需要量）。

(5) 磷總量（kg）= (0.0132 + 0.0154) + (0.0126 + 0.0092) + 0.0179 = 0.0683（滿足需要量）。

(6) 中洗纖維總量（kg）= (2.52 + 3.57) + (0.392 + 0.202) = 6.684。占總餵飼乾基 %

= 6.684 ÷ 18.85 × 100% = 35.46%（高於中洗纖維最低需求）。

(7) 實際總餵飼量（kg）= (6.667 + 21.211) + (4.9483 + 1.5256) + 0.082 + 0.029 + 0.029 = 34.4925。

## 7. 實際餵飼時各種原料調配用量占總額比例（%）

(1) 芻料 = (6.667 + 21.211) ÷ 34.4925 × 100% = 80.82%。

a. 苜蓿乾草，早花期 = 6.667 ÷ 34.4925 × 100% = 19.327%。

b. 玉米稈含穗，青貯 = 21.212 ÷ 34.4925 × 100% = 61.496%。

(2) 精料 = (4.9483 + 1.5256 + 0.082 + 0.0293 + 0.0293) ÷ 34.4925 × 100% = 19.18%。

a. 玉米粉 = 4.9483 ÷ 34.4925 × 100% = 14.346%。

b. 大豆粕 = 1.5256 ÷ 34.4925 × 100% = 4.423%。

c. 磷酸氫鈉 = 0.082 ÷ 34.4925 × 100% = 0.238%。

d. 食鹽 = 0.029 ÷ 34.4925 × 100% = 0.08%。

e. 維生素礦物質預混物 = 0.029 ÷ 34.4925 × 100% = 0.08%。

## 8. 精料配方中之各項原料混合比例（%）

總精料實際餵飼量（kg）= (4.948 + 1.526 + 0.082 + 0.029 + 0.029) = 6.614。

(1) 玉米粉 = 4.948 ÷ 6.614 × 100% = 74.81%。

(2) 大豆粕 = 1.526 ÷ 6.614 × 100% = 23.06%。

(3) 磷酸氫鈉 = 0.082 ÷ 6.614 × 100% = 1.24%。

(4) 食鹽 = 0.029 ÷ 6.614 × 100% = 0.44%。

(5) 維生素礦物質預混物 = 0.029 ÷ 6.614 × 100% = 0.44%。

## 9. 將所有計算後的數值填入配方工作表後，檢查各欄位數值及總和，完成配方表如表 13-8

## 表 13-8　乳牛均衡日糧配方表

乳牛條件：體重 = 650 公斤；乳量 = 27 公斤 / 天；乳脂率 = 3.5%；體重變化 = 增重 0.2 公斤 / 天　　調配師：　　日期：

| | Dry Matter Basis | | | | | | | | | | | | | As-fed Basis | | | |
|---|---|---|---|---|---|---|---|---|---|---|---|---|---|---|---|---|---|
| | Amount | $NE_l$ (Mcal) | | Crude Protein | | RUP | | Ca | | P | | NDF | | Dry Matter | Amount Fed | Total Ration | Concentrate Mix |
| | (kg) | Per kg | (kg) | (%) | (kg) | (% CP) | (kg) | (%) | (kg) | (%) | (kg) | (%) | (kg) | (%) | (kg) | (%) | (%) |
| Requirement | 24.980 | | 30.470 | | 2.760 | 35 | 0.966 | | 0.106 | | 0.680 | | | | | | |
| Ingredient | | | | | | | | | 0.101 | | | | | | | | |
| Roughage | 13.00 | | 19.300 | | 1.647 | | 0.478 | | | | 0.029 | | 6.090 | | 27.879 | 80.82 | |
| | | | | | | | | | | | | | | | | | |
| 苜蓿乾草 | 6.000 | 1.35 | 8.100 | 18 | 1.080 | 28 | 0.302 | 1.41 | 0.085 | 0.22 | 0.013 | 42.00 | 2.520 | 90 | 6.667 | 19.33 | |
| 玉米青貯 | 7.000 | 1.6 | 11.200 | 8.1 | 0.567 | 31 | 0.176 | 0.23 | 0.016 | 0.22 | 0.015 | 51.00 | 3.570 | 33 | 21.212 | 61.50 | |
| | | | | | | | | | | | | | | | | | |
| Concentrate | 5.851 | | 11.170 | | 1.113 | | 0.491 | | 0.005 | | 0.040 | | 0.594 | | 6.615 | 19.18 | 100 |
| | | | | | | | | | | | | | | | | | |
| 玉米粉 | 4.355 | 1.96 | 8.536 | 10 | 0.436 | 52 | 0.226 | 0.03 | 0.001 | 0.29 | 0.013 | 9.00 | 0.392 | 88 | 4.949 | 14.35 | 74.82 |
| 大豆粕 | 1.358 | 1.94 | 2.635 | 49.9 | 0.678 | 39 | 0.264 | 0.29 | 0.004 | 0.68 | 0.009 | 14.90 | 0.202 | 89 | 1.526 | 4.42 | 23.07 |
| 磷酸氫鈉 | 0.080 | | | | | | | | | 22.5 | 0.018 | | | 97 | 0.082 | 0.24 | 1.24 |
| 食鹽 | 0.029 | | | | | | | | | | | | | 100 | 0.029 | 0.08 | 0.44 |
| 預混物 | 0.029 | | | | | | | | | | | | | 100 | 0.029 | 0.08 | 0.44 |
| | | | | | | | | | | | | | | | | | |
| | | | | | | | | | | | | | | | | | |
| | | | | | | | | | | | | | | | | | |
| | | | | | | | | | | | | | | | | | |
| Total | 18.851 | | 20.470 | | 2.760 | | 0.969 | | 0.106 | | 0.068 | 35.46 | 6.684 | | 34.494 | 100.000 | |

# 討論與問題

請依照下列乳牛條件，練習計算均衡日糧配方：

乳牛體重 700 公斤，乳量每日 32 公斤，乳脂率爲 3.8%，每日體重減少 0.1 公斤。

# 實習十四

## 乳牛舍建築設備及乳牛場規畫

# 實習目的

介紹一般牛舍建築原則與乳牛飼養場地特性，以對乳牛場之規畫進行概略了解。

# 原理與背景

充分利用乳牛遺傳潛力的最佳方式，是提供一個理想的環境，提升乳牛的舒適度來優化動物健康和性能。畜舍、飼養管理和健康照護，都需與動物的需求保持平衡。除此之外，正確設置乳牛舍及其相關設備，對於最終的生產表現結果至關重要。隨著乳牛場的變化和牛群規模的增加，乳牛場會面臨牛群擴張或新設備與設施引進的決定，此時應考慮規畫新乳牛舍系統的所有要素。規畫重點是乳牛場的動線，例如牛隻進出擠乳室的路線、飼料供應地點和治療或分娩牛隻的區分位置，也應注意糞便處理和貯存與操作時的效率，設法使乳牛場易於管理並減少操作錯誤的發生。

乳牛場規畫設計原則可由四個基本面向來考慮：

### 1. 爲牛創造適宜的環境

家畜的生產力有 20-30% 取決於環境。不適宜的環境溫度，將使家畜的生產力下降 10-30%。

### 2. 要符合生產工作要求

保證日常生產工作的順利進行，以及畜牧獸醫技術操作能便於進行。

### 3. 嚴格衛生防疫

要防止疫病傳播，需根據防疫要求，合理進行場地規畫和建築物布局，確定畜舍的朝向和間距、設置消毒設施、安置汙物處理設施等。

### 4. 經濟合理且技術可行

在滿足以上三項要求的前提下，畜舍修建要盡量利用自然界的有利條件（如自然通風、自然光照等），最好能就地取材，採用當地建築施工習慣，適當減少附屬用房面積。

# 實習材料與器具

1. 牛舍設計參考圖。
2. 方格紙與作圖筆。
3. 平面繪圖或設計應用程式。

# 實習步驟與方法

實習時可依照下列牛舍規畫之原則與空間需求數據，以手繪或電腦繪圖程式進行規畫練習。

## （一）乳牛場規畫布局

### 1. 生活區

指人員居住區，應在牛場上風處和地勢較高地段，並與生產區保持 100 公尺以上距離。

### 2. 管理區

包括與經營管理、產品加工銷售有關的建築物。管理區要和生產區嚴格分開，保持 50 公尺以上距離。外來人員只能在管理區活動，場外運輸車輛、牲畜嚴禁進入生產區。

### 3. 生產區

(1) 應設在場區的較下風位置，保持安全、安靜。生產區奶牛舍要合理布局。

(2) 分階段分群飼養時，依照泌乳牛群、乾乳牛群、產房、犢牛舍、育成前期牛舍、育成後期牛舍順序排列。

### 4. 乾草貯存區

設在生產區下風口地勢較高處，與其他建築物保持 60 公尺防火距離。

### 5. 糞尿汙水處理、病畜管理區

(1) 設在生產區下風地勢低處，與生產區保持 300 公尺間距，病牛區應便於隔離、單獨通道、便於消毒、便於汙物處理等。

(2) 屍坑和焚屍爐距畜舍 300-500 公尺以上。防止汙水、糞尿、廢棄物蔓延汙染環境。

## （二）乳牛場位置的選擇

### 1. 地勢高而乾燥

(1) 乳牛場應建在地勢較高、乾燥、背風向陽、地下水位較低，具有緩坡的北高南低、總體平坦地方。

(2) 不可建在低凹處、風口處，以免排水困難、汛期積水及冬季防寒困難。

### 2. 土質良好

土質以砂壤土為好。土質鬆軟，透水性強，雨水、尿液不易積聚，雨後沒有硬結，有利於牛舍及運動場的清潔與衛生乾燥，防止蹄病及其他疾病的發生。

### 3. 水源充足

要有充足且合乎衛生要求的水源。

### 4. 交通方便

大批飼草及飼料的購入及糞肥的輸出運輸量大。牛場應建在離公路或鐵路較近的交通方便之處。

### 5. 衛生防疫

(1) 遠離主要交通要道、村鎮工廠 500 公尺以外，一般交通道路 200 公尺以外。
(2) 要避開對牛場汙染的屠宰、加工和工礦企業，特別是化工類企業。

### 6. 節約土地

盡量不占用可耕地並利用不適宜種植作物的土地。

## （三）乳牛舍建築與相關設備

### 1. 一般考量

臺灣地處亞熱帶，故冬季氣溫仍高，不會對乳牛造成影響，但夏季氣溫幾乎都高於 30℃，遠高過荷蘭牛舒適的上限溫度（21℃），使產乳量及受胎率明顯降低。夏季又逢雨季使溼度增加，若牛舍排水不良，乳牛易患蹄部相關疾病而縮短使用年限。因此在臺灣的乳牛舍設計需特別注意防熱性、防潮性。因應溼熱氣候的牛舍建築之考量與重點如下：

(1) 房舍採坐北朝南、東西走向以減少西晒的範圍。

(2) 牛舍盡量拉高，屋簷高度最好在 3.7 公尺以上，牛舍寬度可在 10-12 公尺之間，依通道大小排列方式來設定。

(3) 屋頂採人字形設計，並搭建太子樓以增加空氣的流通性。

(4) 屋頂的建材下方，可再加一層隔熱材質，減少日晒帶來的輻射熱。

(5) 牛舍四周不應築牆，以免阻礙空氣流動。位於海邊或山區之牛舍，若有強勁東北季風問題，北面可築牆以防冬天之強風，但在牆上應適當地多留窗戶，以備夏天通風使用。

(6) 位於一般平地的牛舍，遇有寒流來襲時，可在四周拉上帆布遮蔽即可。

(7) 牛舍內適當設置風扇以增加夏天的空氣流動，協助散熱。

(8) 牛舍可設噴水或噴霧降溫裝置，於氣候炎熱時可有效地降低舍內溫度，但須注意設計是否會造成牛舍內溼度過高，反而不利散熱。

## 2. 牛群大小與各類牛隻所占比例

國內現階段酪農之經濟規模為每場經產牛約在 60-120 頭，但是因為人力、設備、土地與芻料利用的限制，因此需要努力增加單一動物的生產效率，或是擴大生產規模來獲得較佳的經營收益。要達到正常收益下，各類牛隻在乳牛場牛群中的頭數建議比例如表 14-1：

表 14-1　乳牛場牛隻種類比例建議

| 牛隻種類 | 比例（%） |
| --- | --- |
| 泌乳牛 | 40 |
| 乾乳牛 | 10 |
| 懷孕女牛（18-21 月齡） | 15 |
| 12 月齡以上未懷孕女牛 | 15 |
| 12 月齡以下女牛 | 15 |
| 未離乳仔牛（2 月齡以下） | 5 |

## 3. 牛舍設計

牛舍設計需考慮氣候、成本、牛群之大小、牧場人員操作的習慣、現有房舍配置等因子。其種類可分為繫留式、開放式、自由式與環控式四大類。

(1) 繫留式（Tie Stall）：較適合於中小規模之乳牛場（50 頭以下）。牛隻易於進行個別照顧。人工授精、牛隻檢查、醫療可以在原地進行（圖 14-1）。牛隻體表維持較乾淨，但勞力需求較多。如果排列規畫適當下可配合部分機械化節省勞力。種牛場牛隻使用此方式時，固定排列整齊較易觀察。

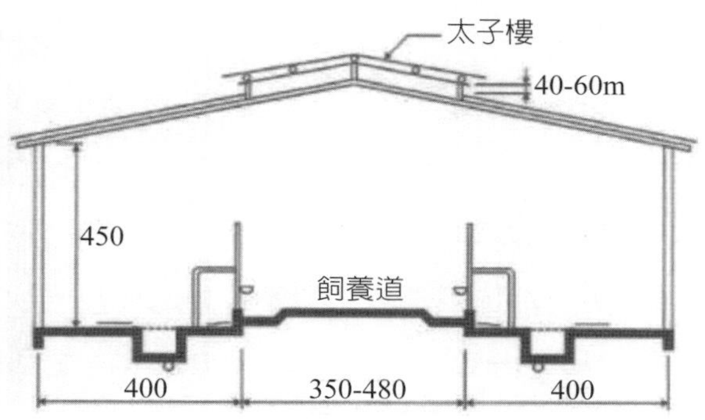


圖 14-1　繫留式牛舍之內部狀況與建築規格（資料來源：陳茂墻與方煒。2008。草食家畜之畜舍與設備。畜牧要覽草食家畜篇 p.661-672。）

(2) 開放式（Loafing Barn, Open Lot）：開放式牛舍較節省勞力，尤其是規模越大越省勞力。優點是可以提供牛隻舒適健康的環境，容易配合飼養、擠乳及糞尿處理採用機械化的作業，並減少運動場需求面積。缺點則是牛隻體表較易髒汙，尤其是牛隻飼養密度高時，乳房易遭踩踏受傷。開放式牛舍內部狀況與簡要平面規畫如圖 14-2。

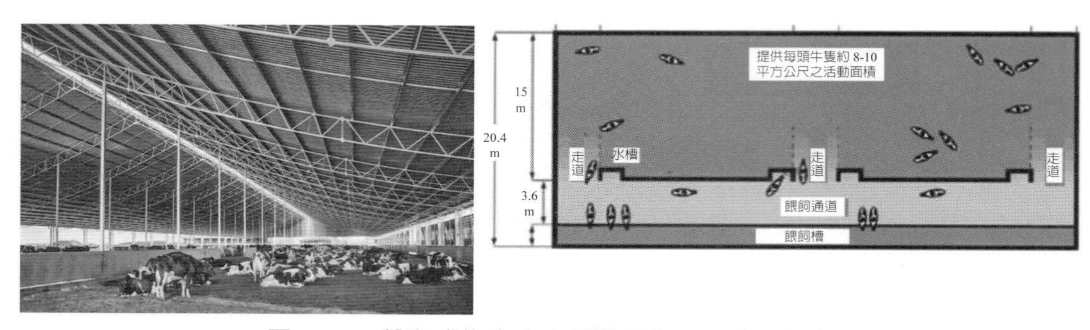


圖 14-2　繫留式牛舍之內部狀況與平面空間規畫

(3) 自由式（Free Stall）：牛舍類似開放式，主要差別在於有提供牛床設置，牛隻可在牛床上休息，不易出現亂踩之狀況，牛隻休息時排列整齊。與開放式牛舍比較時，優點是牛隻較乾淨，乳房被踩傷的機會減少，飼養時需要的空間較少（6-10 平方公尺 / 頭），所需墊料也比開放式少 60-80%。但是缺點是建築費用較高，而牛糞尿含水量較高，因此每天都需要移除地面牛糞尿，夏天可能出現部分牛隻不上牛床休息之狀況。

具有牛床之自由式牛舍，可以搭配刮糞板或是條狀床地面設計進行糞尿清除，配合水泥條狀床可減少牛隻蹄部受傷機會。自由式牛舍內部狀況與簡要規畫如圖 14-3。

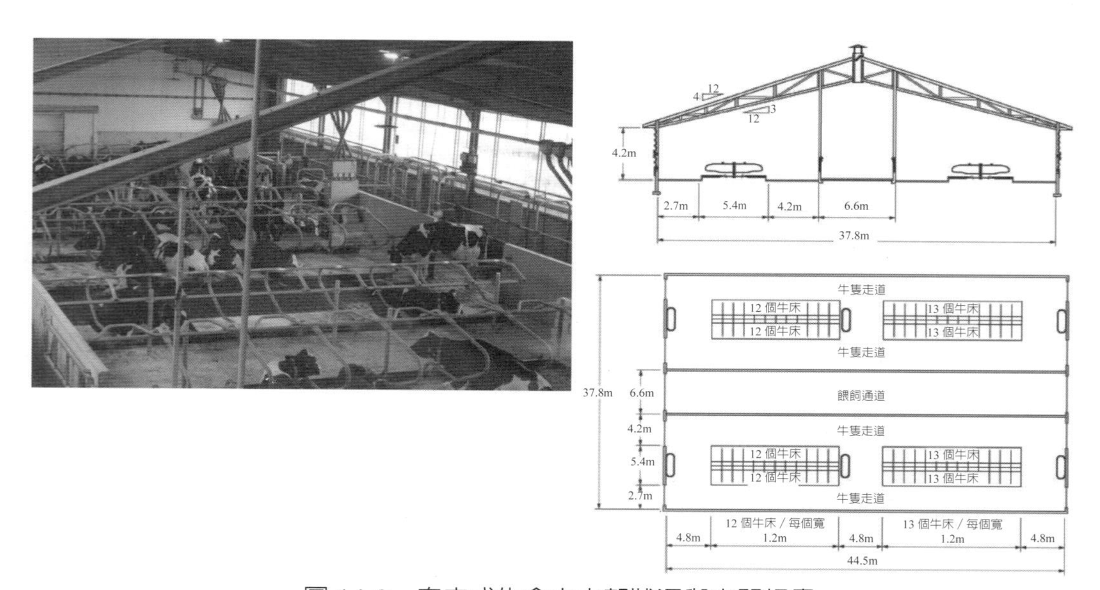


圖 14-3　自由式牛舍之內部狀況與空間規畫

(4) 環控式（Controlled Environment）：環控牛舍的內部配置似於開放式與自由式牛舍，但是環控牛舍需保持密閉以利負壓產生。牛舍兩側分別安裝風扇與水簾，風扇啟動抽風時，由水簾側入風，牛舍整體呈現負壓狀態。風扇與水簾兩側之外的牛舍另外兩側可採捲簾設計，可允許局部天候狀態下仍能利用自然通風進行降溫，當捲簾放下可形成密閉空間。不過使用此種畜舍會提高相當多建築成本與運作電費，若考量高產乳牛熱緊迫的損失及減少繁殖障礙的效益時可考慮採用。

## 4. 運動場

各棟牛舍有個別運動場爲最佳，以乾燥的草地爲首選，其次是乾淨的泥土地。在臺灣，由於土地的面積有限而且雨量較高，仍希望每頭牛大約能有 20-40 平方公尺（依牛大小而定）的運動場面積，部分區域可以鋪水泥並加圍籬以便雨天供牛隻活動之用，另一部分保持壓實的泥土場地，供牛隻於天氣良好時活動。運動場地面應保持適當坡度或呈中央凸起的丘陵形式以利排水，亦可鋪上沙維持乾燥。運動場務必保持適度的坡度以利排水，並經常消除牛糞來保持牛隻每天的活動不致造成泥濘。

## 5. 個別牛舍

(1) 仔牛舍（出生至 3 月齡）：仔牛因體溫調節功能尚未穩定，不可過度通風以防過冷，可採房舍建築四面築牆但多留窗戶。仔牛欄採高床型態爲宜，床面型態可爲木條、鐵條、水泥條或網狀地面，但需注意地面間距以防腳部受損。每欄一頭仔牛所需面積約爲 1.5×1.5 平方公尺，需設有草架、飲水及哺乳器，並有飼料桶可供使用。

(2) 待產牛舍（可兼作爲隔離區使用）：不需太過通風，四面可略予遮蔽。地面鋪沙或墊草且保持排水良好。每個單獨欄舍面積約需 3×3 平方公尺，並設有飲水器及飼料槽，安排位置需注意牛隻動線。

## 6. 擠乳室

牧場需設立獨立擠乳室（Milking Parlor），目前使用的擠乳室配置可分下列四種，但是仍以魚骨式或側面出入式的使用比例較高。

(1) 魚骨式擠乳室（Herringbone，圖 14-4）：此類型的擠乳室優勢爲擠乳時的牛隻乳房間之距離短，擠乳人員工作時往返的距離可以縮短，擠乳系統之管道長度較短（乳管、眞空管），清洗容易，人員工作效率高，每人每小時可以擠乳 35-40 頭，較適於大牛群之操作。但是缺點爲擠乳人員對牛隻之觀察角度受限，每排牛隻同進同出，同排牛隻若有出乳速度較慢者，會延遲同批進入擠乳室其他已擠好之牛隻出欄時間（每頭牛平均停留 12-14 分鐘）。

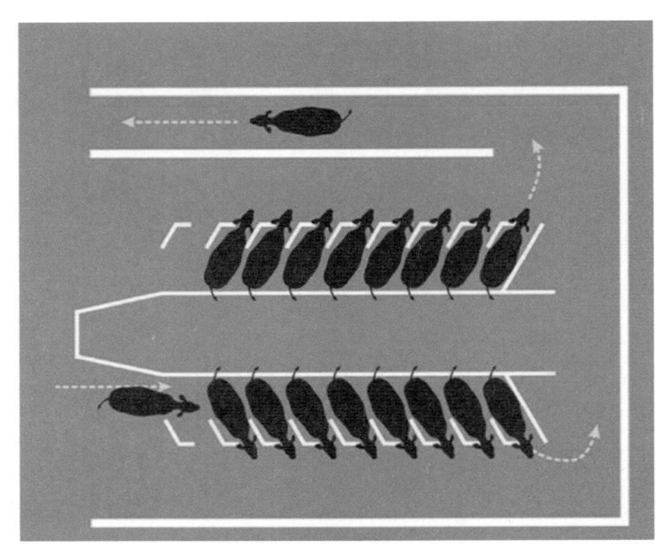

圖 14-4　魚骨式擠乳室之牛隻排列與進出示意圖

(2) 側面出入式連續擠乳室（Tandem，圖 14-5）：牛隻在擠乳過程爲側面縱列，其優點是牛隻可個別出入，牛隻不受其他牛隻擠乳時間之影響，由於牛隻縱列，擠乳人員可以很清楚地觀察牛隻全身，對牛隻個別照護較容易。其缺點是擠乳人員操作擠乳器時，接上乳杯的過程因乳牛分開距離長，因此操作距離及時間需求較高，工作效率較低，每人每小時擠乳上限約 30 頭，適合牛群規模較小之牧場。

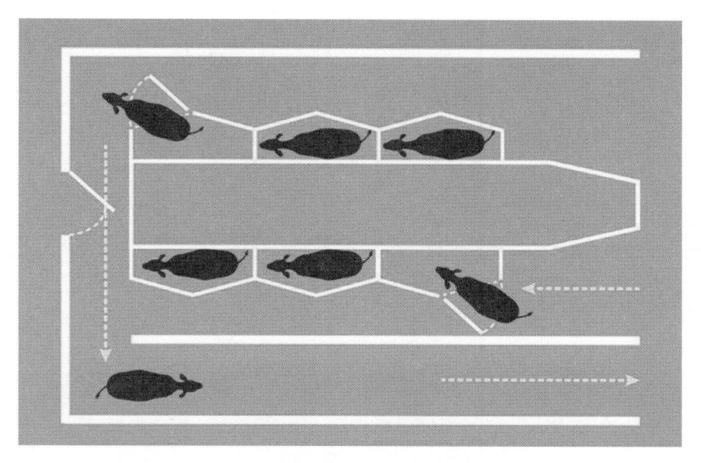

圖 14-5　側面出入式連續擠乳室之牛隻排列與進出示意圖

(3) 賽馬式擠乳室（Paralle，圖 14-6）：賽馬式的設計中，牛隻彼此間是平行的，擠乳人員工只能由牛隻後端接觸到乳房。在此擠乳室設計下，擠乳要等到所有牛隻都進入單獨隔間中才開始，而且牛隻都需批次從擠乳柵欄中離開。此方式的優點是可節省擠乳室空間與管線距離，但是不同牛隻出乳速度若差異很大，會造成整批牛隻停留時間增加。

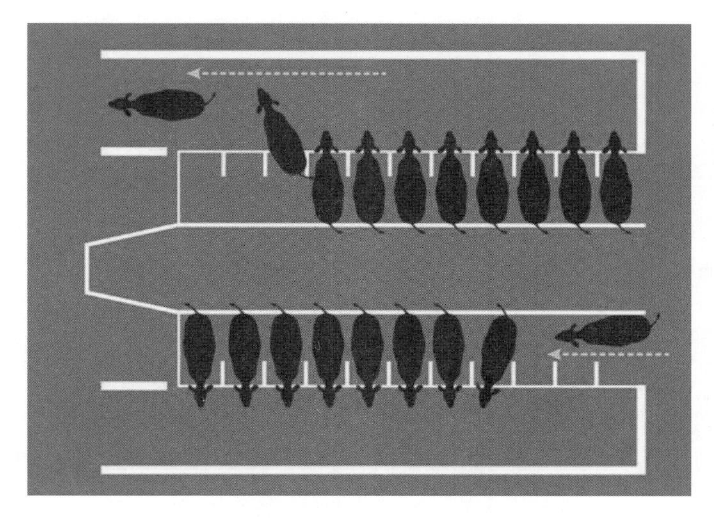

圖 14-6　賽馬式擠乳室之牛隻排列與進出示意圖

(4) 圓盤式擠乳室（Rotary，圖 14-7）：圓盤式擠乳設備外形與原理似於旋轉木馬。每頭牛隻個別的擠乳欄會在一個緩慢旋轉的平臺上排成一個大圓圈。牛隻可以自行進入，根據圓盤平臺的大小，可在旋轉 1-2 圈後完成擠乳。擠乳人員不必在擠乳室裡來回移動，可以在同一個地方往復操作牛隻擠乳工作。此擠乳模式效率高，但是建置成本很高，加上場地與管線需詳細規畫，適合飼養牛群規模很大的牧場使用。

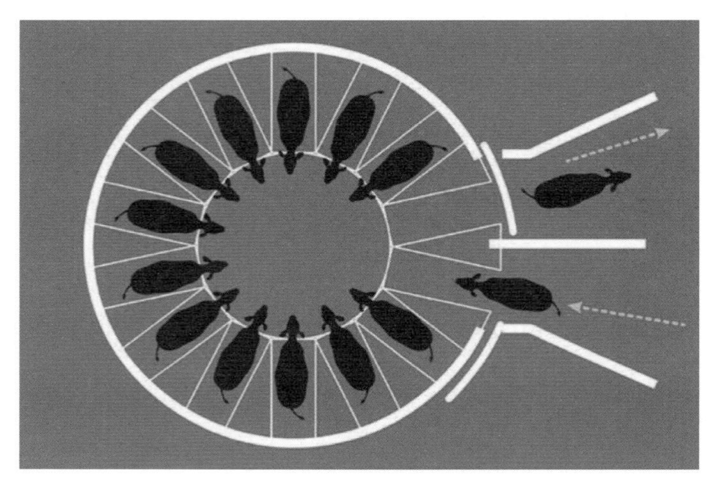

圖 14-7　圓盤式擠乳室之牛隻排列與進出示意圖

## （四）牛舍內部空間需求與安排

### 1. 躺臥及活動空間

應依據牛隻體型大小提供乾燥舒適之躺臥及足夠活動面積，避免牛隻競爭休息空間及互相干擾。依照牛床設置與否，需注意之設置與空間需求如下：

(1) 未設置牛床時，應鋪設軟墊或墊料，墊料厚度至少 5 公分，每天填補乾淨墊料，每 1-2 週全部更新墊料一次。依照各階段牛隻體重大小，建議之良好需求面積如表 14-2。

表 14-2　牛隻各階段飼養之需求面積

| 牛隻階段／體重 | 需求面積（平方公尺／頭） |
|---|---|
| 小女牛／100-250 kg | 5.0 |
| 中女牛／250-400 kg | 6.5 |
| 孕女牛或初產母牛／400-550 kg | 7.5 |
| 經產牛／550 kg 以上 | 8.5 |
| 哺乳中之仔牛 | 1.8（單獨隔離欄） |
| 公牛 | 18 |

(2) 有設置牛床時，牛床寬度應至少為 1.27 公尺寬，或牛隻臀寬的 1.8 倍，牛床長度則依體重調整以提供充足空間。畜舍中除了牛床面積外，每頭牛至少要有 6 平方公尺的活動範圍。牛床應使用排水性佳之柔軟材質，以利牛隻躺下與站起，鋪設表面時需注意約保持 2-4° 的傾斜，以利排水，再搭配每日清理糞便 1-2 次。牛床配置可分為單排與雙排（頭對頭）之設置，單排牛床可再區分為頭部前方是否有阻隔，所需之牛床長度如表 14-3。

表 14-3　牛隻體重與牛床長度建議值

<table>
<tr><th colspan="2">牛隻體重（kg）</th><th>550</th><th>700</th><th>800</th></tr>
<tr><td rowspan="3">牛床長度（cm）</td><td>單排／前方有阻隔</td><td>210</td><td>230</td><td>240</td></tr>
<tr><td>單排／前方無阻隔</td><td>240</td><td>255</td><td>270</td></tr>
<tr><td>雙排／頭對頭</td><td>420</td><td>460</td><td>480</td></tr>
</table>

## 2. 牛舍布局規畫

各種設施用地規模建議如下：

(1) 仔牛舍：2.25 平方公尺／頭。

(2) 女牛舍：

a. 4-14 月齡：6.8-7.0 平方公尺／頭。

b. 15-24 月齡：7.6-8.0 平方公尺／頭。

(3) 分娩舍：15.7-16 平方公尺／頭。

(4) 乳牛舍：包括泌乳牛與乾乳牛，9.2-9.5 平方公尺／頭。

(5) 運動場：

a. 女牛：20 平方公尺／頭。

b. 泌乳牛：25 平方公尺／頭。

(6) 擠乳室：

a. 平均每 6 頭泌乳牛使用一個擠乳單位，約需 14.5 平方公尺，其中包括一格魚骨式的擠乳床、一部分中間坑道和兩側的通道等。

b. 中間坑道寬約 150 公分，且比地面凹下約 75-80 公分。

(7) 待擠乳牛繫留場：包括兩側的回程道，約 1.1-1.5 平方公尺／頭。

(8) 貯乳室：每 30 頭泌乳牛的乳產量，約需用 1 噸的氣冷式貯乳槽，占地約 24 平方公尺。若超過 2 天以上才交乳一次，則需容量更大的貯乳槽。

(9) 青貯區：平均每立方公尺可貯放 0.71 噸的青貯料，視原料種類而異。一般 60 頭規模的牛群，約需 10×6×2.5 公尺之體積，容量約 100-110 噸的青貯區。

(10) 草棚：60 頭規模的牛群，約需 10×4×3.5 公尺的草棚，且可存放高水分的副產物，如啤滴渣、豆腐渣、番茄渣等。

(11) 倉庫：60 頭規模的牛群，約需 10×10×3.5 公尺的倉庫一座，內部可存放乾草約 30-35 噸，及 15 天量的精料約 4-5 噸。

(12) 上下車臺：設置一座，臺高約 1.1 公尺。

(13) 牛糞尿處理區：依預定貯存天數與每頭牛每天 0.03 立方公尺來計算所需總容量。

## 3. 牛舍位置配置

在乳牛場中各類牛舍與各操作區之位置配置，與日常管理工作之操作便利性高度相關，在設計前，應參考牧場規畫並收集各場運作經驗，再根據本身所具備之條件進行設計與修改，減少往後錯誤發生的機會。乳牛場各區配置一般原則如下：

(1) 各棟牛舍之間需保持適當距離，勿過度密集而影響通風。

(2) 分娩牛舍可兼作治療隔離房，與仔牛舍可設在同一棟牛舍內，並盡可能位於南向，且與人員居住區或管理室相鄰，以便就近照顧。

(3) 乾乳牛可與懷孕女牛共同使用一棟牛舍，但需分欄飼養。

(4) 擠乳室、待擠乳牛繫留場與泌乳牛舍彼此相鄰，且具有固定方向的通路相連接，需注意動線順暢與移動是否快速。若有修蹄架設計，亦可安置於擠乳後回程至泌乳牛舍之通道旁。

(5) 擠乳室應位於交通便利之處，以利集乳車輛進出，且遠離青貯區、副產物貯存區與糞尿處理區，以免牛乳吸附不良氣味。

(6) 草棚與倉庫需設置在地勢較高處，以避免淹水時造成損失。

## 4. 牛舍規畫參考實例

(1) 擠乳室（圖 14-8）：

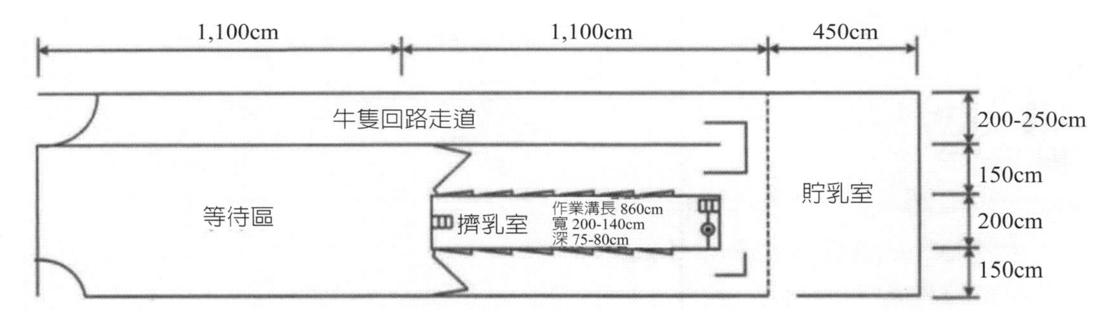


圖 14-8 擠乳室空間需求與設計（魚骨式）（資料來源：陳茂墻與方煒。2008。草食家畜之畜舍與設備。畜牧要覽草食家畜篇 p.661-672。）

(2) 牛隻飲水區與移動空間需求（圖 14-9）：牛隻飲水時，後方需注意進出牛隻雙向移動之通道，以免造成推擠。飲水槽需提供充足之清潔飲水，並注意槽體清洗及管路是否清潔。

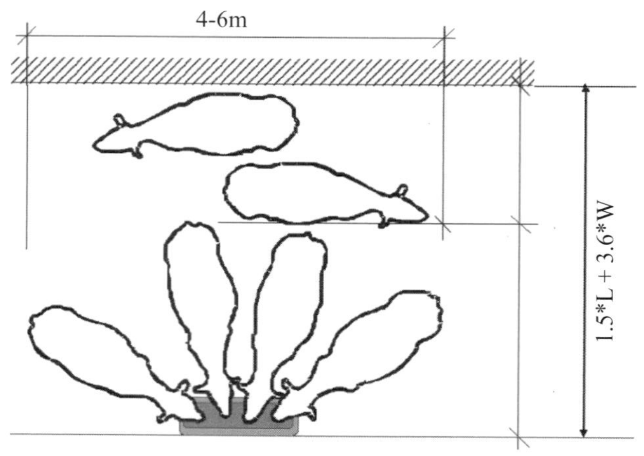


圖 14-9　牛隻飲水區移動空間需求

(3) 40 頭泌乳牛之牛舍內設施配置範例（圖 14-10）：

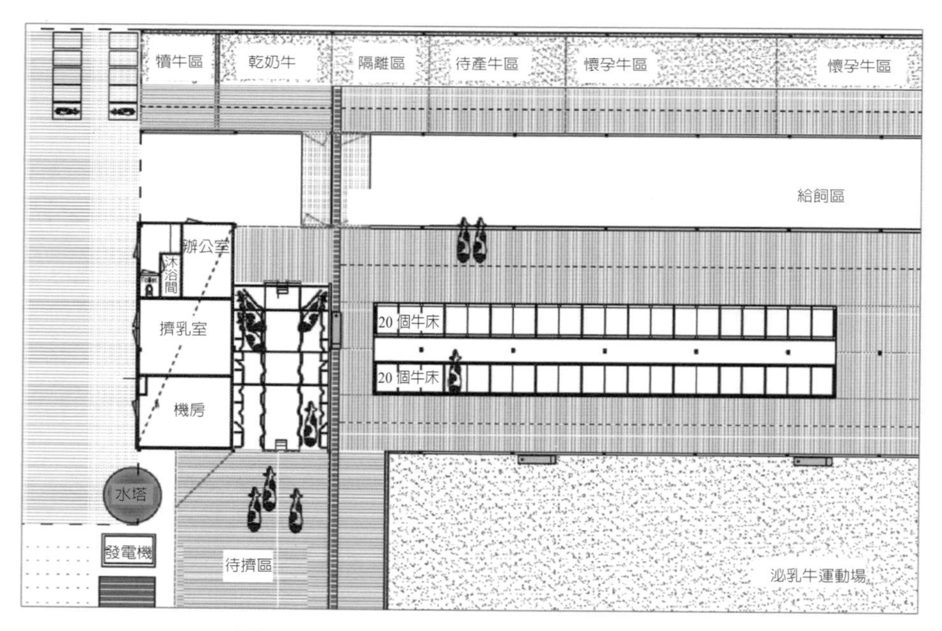


圖 14-10　40 頭泌乳牛之牛舍設計案例

(4) 60 頭泌乳牛之乳牛場全區配置範例（圖 14-11）：

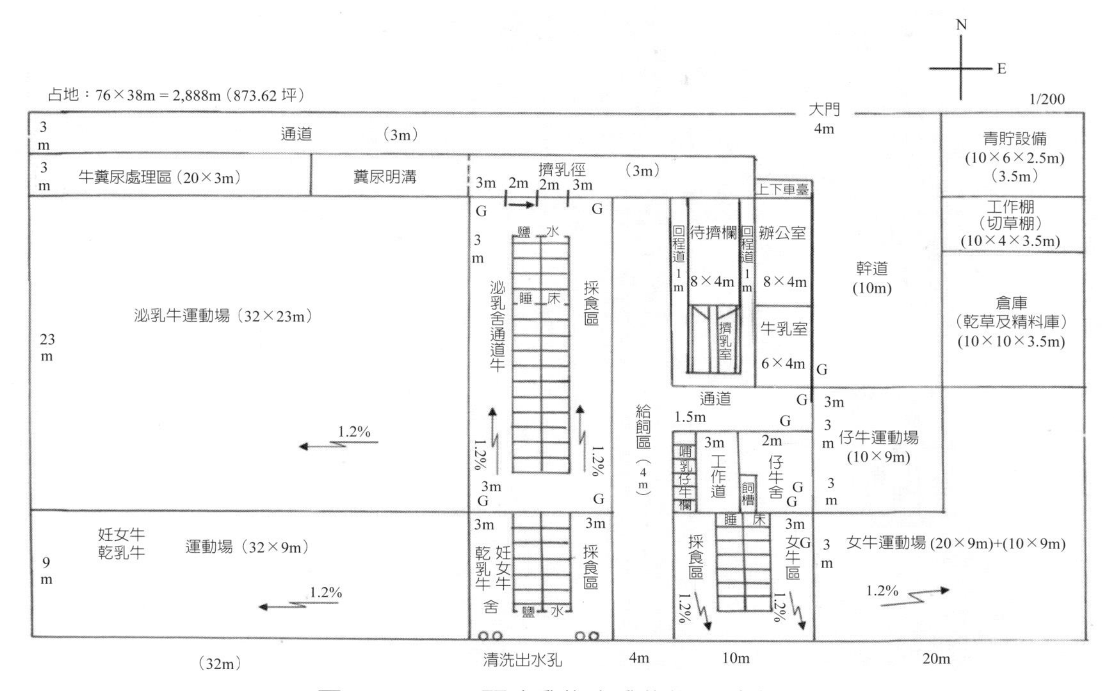


圖 14-11　60 頭泌乳牛之乳牛場設計案例

# 討論與問題

1. 請依照各種牛隻比例與設備需求，練習規畫一場具有 80 頭泌乳牛的酪農場。
2. 乳牛舍內的地面爲何需設計有一定的斜度？
3. 青貯區域應該設置在牧場地勢較低或較高處？

國家圖書館出版品預行編目(CIP)資料

乳牛學實習指南／王翰聰，王佩華編著. --初版. --臺北市：五南圖書出版股份有限公司，2023.08
面；　公分
ISBN 978-626-366-281-0(平裝)

1.CST: 牛 2.CST: 養牛 3.CST: 家畜飼養

437.314　　112010329

5N57

# 乳牛學實習指南

作　　者 — 王翰聰、王佩華
發 行 人 — 楊榮川
總 經 理 — 楊士清
總 編 輯 — 楊秀麗
副總編輯 — 李貴年
責任編輯 — 何富珊
封面設計 — 姚孝慈
出 版 者 — 五南圖書出版股份有限公司
地　　址：106台北市大安區和平東路二段339號4樓
電　　話：(02)2705-5066　　傳　　真：(02)2706-6100
網　　址：https://www.wunan.com.tw
電子郵件：wunan@wunan.com.tw
劃撥帳號：01068953
戶　　名：五南圖書出版股份有限公司

法律顧問　林勝安律師

出版日期　2023年8月初版一刷
定　　價　新臺幣280元